书籍设计
实践与案例

Practices and Cases of Book Design

许甲子 主编 马赈辕 戚 立 副主编

化学工业出版社

·北京·

内 容 简 介

本书从书籍设计概念的演变、为优化阅读体验的书籍设计、信息视觉化设计、新式编排设计、概念书设计以及书籍设计获奖作品赏析六方面来阐述。内容上既有平面设计与书籍设计的相关理论论述，又选取了大量获奖作品及具有典型代表的案例进行分析，期待在当下高等本专科院校设计学科中，为书籍设计课程的理论讲授与教学实践提供一定的参考。

本书结合前沿的平面设计理念与课程教学的需要，适合书籍设计人员、平面设计人员及大专院校师生阅读参考。

图书在版编目（CIP）数据

书籍设计实践与案例 / 许甲子主编. —北京：化
学工业出版社，2021.9
ISBN 978-7-122-39757-7

Ⅰ. ①书… Ⅱ. ①许… Ⅲ. ①书籍装帧-设计 Ⅳ.
①TS881

中国版本图书馆 CIP 数据核字（2021）第 165136 号

责任编辑：徐 娟 文字编辑：刘 璐 装帧设计：对白设计
责任校对：张雨彤 封面设计：韩 飞

出版发行：化学工业出版社（北京市东城区青年湖南街 13 号 邮政编码 100011）
印 装：北京瑞禾彩色印刷有限公司
787mm×1092mm 1/16 印张 9 字数 200 千字 2021 年 10 月北京第 1 版第 1 次印刷

购书咨询：010-64518888 售后服务：010-64518899
网 址：http://www.cip.com.cn
凡购买本书，如有缺损质量问题，本社销售中心负责调换。

定 价：78.00 元

前言 PREFACE

书籍作为传递知识与传播文化的工具，一直伴随着人类文明的发展。在书籍的装帧方面，中国古代有着璀璨的历史，并随时间推移呈现出多种装帧形式的演变。从"装帧"一词在中国出现至书籍设计概念形成，经历了近百年时间。在当今现代技术与文化多元的背景下，设计师仍然在现代设计背景下寻找书籍民族文化精神的构建方式。

本人于2011年起担任书籍装帧设计课程的教学工作，后在博士阶段重点研究书籍设计相关内容，对于书籍设计史及其相关概念有了更深入的了解并产生了一定的兴趣。在书籍设计概念引导下，书籍装帧设计课程融入了"新鲜"的血液：一方面，加入了信息视觉化设计的思考；另一方面，西方设计风格影响中国现代设计，并对中国书籍版式产生一定的影响。在"新文科"以及设计学科综合背景下，本书以新的设计观念，剖析了中国现代设计师积极采用先进技术及材料形成的书籍设计实践案例。

本书不仅可以作为书籍设计师、相关设计人员和爱好者的学习或参考资料，也可作为高等院校书籍设计类课程的教学用书。本书不仅分析了书籍的现代演变历程、形态结构、各部分设计，还结合学生的课程成果与设计获奖作品的实际案例，分析新的设计观在新时代的书籍设计中所起到的重要作用，有助于读者体悟中国的书卷之美，并能够将设计方法运用于实际书籍设计中。

　　本书由许甲子担任主编，马赈辕、戚立担任副主编，申大鹏、林佩莎、韩新萌等参与编写。其中，第一章、第五章由许甲子、马赈辕编写；第二章由许甲子、申大鹏编写；第三章、第四章由许甲子、戚立编写，第六章由许甲子、林佩莎、韩新萌编写。本书第五章中的部分案例来自大连医科大学艺术学院视觉传达专业 2010～2018 级学生的课程作业，在他们本科阶段的专业学习中，第一次制作概念书，体现了较为新颖的设计创意，在设计制作过程中虽因经验欠缺有不足之处，但已经倾尽全力，在此致以感谢！

　　本书是本人多年来理论探索与教学成果的体现，由于学识有限，对课程教学改革与理论成果的研究还处在探索阶段，本书尚存在疏漏与表达未尽之处，敬请同行专家和广大读者予以批评指正。此外，望广大师生与同行专家提出宝贵的改进建议，以促进后续研究工作的完善。

许甲子

2021 年 6 月

目录 CONTENTS

第 一 章 百年来书籍设计概念的演变 1

    第 一 节 民国时期的书籍美术 2

        一、书籍的封面画 2

        二、"装帧"一词的初现 6

    第 二 节 20 世纪中叶后的书籍装帧设计 13

        一、书籍装帧专业教育形成 13

        二、中国书籍装帧设计"走出去" 18

    第 三 节 20 世纪末的书籍整体设计 23

        一、西方艺术思潮与设计风格的影响 23

        二、整体设计观念形成 24

    第 四 节 20 世纪后的书籍设计 31

        一、书籍设计概念的提出 31

        二、书籍设计概念的多元化与立体化 32

第 二 章 优化阅读体验的设计 37

    第 一 节 书籍的结构 38

        一、书籍的外部构造 38

        二、书籍的内部构造 43

第二节　编辑设计 ────────────────────────── 46

第三节　编排设计 ────────────────────────── 49

第四节　装帧设计 ────────────────────────── 51

　　一、封面设计 ────────────────────────── 51

　　二、书籍的装订 ───────────────────────── 52

第五节　扉页和插图设计 ───────────────────── 55

　　一、扉页设计 ────────────────────────── 55

　　二、插图设计 ────────────────────────── 56

第三章　新式图表──信息视觉化设计 ─────────── 59

第一节　信息设计 ────────────────────────── 60

　　一、什么是信息设计 ───────────────────── 60

　　二、书籍中的信息设计 ──────────────────── 63

第二节　文本信息视觉化设计 ───────────────── 63

　　一、字体信息的设计 ───────────────────── 64

　　二、版式信息的编排 ───────────────────── 66

第三节　图像信息视觉化设计 ───────────────── 67

第四章 新式编排——网格设计与自由版式设计 ································ 73

　第一节 网格设计 ·· 74

　第二节 自由版式设计 ·· 77

第五章 未来书籍设计导向——概念书 ································ 83

　第一节 何谓概念书 ·· 84

　　一、概念书设计解读 ·· 84

　　二、概念书引领设计观念创新 ·· 87

　第二节 概念书作品赏析 ·· 89

　　一、纸张材质概念书作品赏析 ·· 89

　　二、其他材质概念书作品赏析 ·· 102

第六章 优秀书籍设计作品赏析 ·· 109

　第一节 全国书籍装帧艺术展获奖作品赏析 ···························· 110

　第二节 "世界最美的书"获奖作品赏析 ······························ 114

　第三节 "中国最美的书"获奖作品赏析 ······························ 122

　第四节 其他获奖作品赏析 ·· 130

参考文献 ·· 136

第 一 章
百年来书籍设计概念的演变

第四节 20世纪后的书籍设计

第三节 20世纪末的书籍整体设计

第二节 20世纪中叶后的书籍装帧设计

第一节 民国时期的书籍装帧

第一节
民国时期的书籍美术

一、书籍的封面画

中国的书籍有着璀璨华美的装帧历史，但"装帧"一词引入中国发生于20世纪初。书籍设计的概念历经几千年的流变，伴随着造物文化与设计学科的发展，形成独有的演变历程。19世纪以来，西方印刷技术传入中国，在印刷机械化的背景下，锁线装订技术使书籍形成了方便翻阅的册页形态，线装书成为此时主要的装订形式（图1-1~图1-3）。

毕生致力于书籍设计的邱陵教授在其1984年出版的《书籍装帧艺术简史》一书中将书籍设计的工作部分称为"书籍美术"。

图1-1

《六艺之一录》线装本

注

图片拍摄于上海图书馆。

图1-1

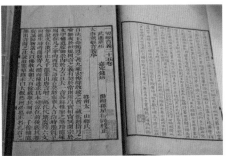

图1-3

图1-2

无论是书籍的版式设计还是形式结构、封面表现等，因印刷的机械化、生产逐渐批量化、线装书向平装书过渡，逐渐从"素封面"向"封面画"艺术倾斜。因此，书籍美术成为此时书籍的主要审美表达方式。

19世纪的中国，科学技术方面有了一定的发展和进步，西方印刷技术的传入促进了中国近代印刷工业的发展，这不仅为书籍大批量的出版与发行提供了可靠的技术支撑，同时成为科学的工艺流程。上海土山湾博物馆收藏了19世纪60年代左右传入中国的珂罗版印刷机（图1-4），并展示了印刷技术的学徒制传授方式（图1-5）。

图1-4   图1-5

印刷条件的逐步机械化，使设计与生产逐渐分离，因此，书籍的封面画设计成为相对独立的工作。随着20世纪初印刷工业快速机械化以及出版机构的出现，书籍封面及插图的设计工作通常以美术家绘制图像、美术字、插图为主，或将个人美术作品直接用于书籍封面。如陈之佛、丰子恺等留学日本的老一辈艺术家对书籍艺术形式的影响；钱君匋、陶元庆、叶灵凤等艺术家在艺术创作活动中对其他国家艺术风格进行研究，他们共同促进中国现代书籍装帧设计的萌芽。因此，致力于这一事业的主体称被为"书籍美术工作者"或"装帧美术家"。图1-6~图1-9展示了20世纪的美术家设计的封面画。

此时关于书籍设计工作的特点有两个：其一，书籍设计工作主要以美术家为主，他们在绘制封面画时，将个人美术作品直接移植到封面上，或根据书籍的主题有针对性地创作美术作品作为封面画、插图或美术字；其二，尽管书籍的设计工作开始分离于制作，但尚未形成完全独立的书籍设计师职业，而是

图1-6
《东方杂志》封面局部

注
钱君匋设计，商务印书馆，1928年出版。图片由钱君匋艺术研究馆提供。

图1-6

（a）　　　　　　　　　　（b）

图1-7

图1-8　　　　　　　　　　图1-9

图1-7

《良友》画报封面及局部

注

良友出版公司，1934年
1月出版，第39期。

图1-8

《文学》创刊号封面

注

郑川谷设计，上海生活
书店，1933年7月出版。

图1-9

《戈壁》（半月刊）封面

注

叶灵凤设计，上海光华
书局，1928年5月出版。
图片由钱君匋艺术研究
馆提供。

由美术家、文学家、出版人等群体兼职，他们日常的工作除了
书籍设计之外还创作其他具有代表性的艺术作品，书籍设计的
职业性尚未确立。

　　封面画的演变历程，与图案学的发展相伴随。图案学对此时
的书籍设计产生了不小的影响，在一定程度上改变了封面装帧的
审美语言，同时图案学涉及插画的绘制，因书籍具有商品性而对
封面进行"设计"或"意匠"以吸引购买，从而使书籍封面呈现

多种形式。日本留学归来对图案教育有着卓越贡献或受日本图案学影响较深的艺术家，将不同的艺术表现方式运用于封面画。于是，封面画所拥有的方寸之地，成为承载图案的重要部分。

因此，在艺术设计学科尚未形成知识体系并运用于书籍的封面及内页时，"书籍美术"概念体现了此时书籍的艺术性特征。

二、"装帧"一词的初现

1915年的新文化运动中，陈独秀创办的《青年杂志》（图1-10、图1-11），不仅是新文化的启蒙，也是平装书装订形式的代表及发端。它不仅在形式上与此时西方印刷技术背景相适

图1-10

《青年杂志》封面

注

益群书社，第1卷第1号于1915年9月发行，此图拍摄于中国美术学院设计博物馆。

图1-10

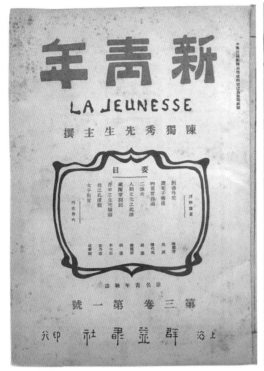

（a）　　　　　　　　　　　（b）

图1-11

应，在文化上，恰逢新文化运动提倡白话文、反对文言文与八股文的文学转型时期，形成现代化的新文化转型。

与日本图案学作为中国设计学萌芽相适应，"装帧"一词从日本引入中国，并在中国得到了广泛应用。书籍装帧家钱君匋先生在其文章中确定"书籍装帧"一词为外来语，书籍装帧的含义包含一本书从里到外各方面的设计，即书的字体、版式、扉页、目次、插图、衬页、封面、封底、书脊、纸张、印刷、装订，以及书的本身以外的附件，如函套等。这为书籍艺术形式的工作赋予了定义。"装帧"的定义确定之后，与装帧相关的"书籍装帧"与"装帧设计""装帧艺术""装帧工艺""装帧材料"等词的界定，就有了一致性。然而在20世纪初期，虽然印刷装订技术较明清时期主流的线装书籍有了大幅度的提升，书籍设计的理念也展现了现代设计的萌芽，但"书籍装帧"概念的内容远没有如此

图1-11

《新青年》封面

注

（a）为《新青年》第3卷第1号，1916年9月发行；（b）为《新青年》第2卷第1号，1917年3月发行。《青年杂志》更名为《新青年》后，封面的图形元素减少，增加了横排的汉字，与西文搭配，版式排列上更具现代性。

图1-12

1927年的《东方杂志》封面

注

陈之佛设计，使用域外图案作为封面画。商务印书馆，第24卷第14号。作者拍摄于中国美术学院民艺博物馆。

图1-13

1929年的《东方杂志》封面

注

陈之佛设计，使用域外图案作为封面画。商务印书馆，第26卷第18号。作者拍摄于中国美术学院民艺博物馆。

丰富，仍较多局限在书籍封面的艺术性装饰。因铅活字印刷技术的发展，书籍外在形式的演变也受日本书籍、杂志等刊物封面画的影响，其封面趋向于美术化的表达。以20世纪20～30年代的《东方杂志》为例（图1-12～图1-14），陈之佛先生将从日本学到的较为深厚的图案学理念运用于书籍封面的设计，在写实的基础上对描绘对象进行变化。

值得注意的是，装帧一词出现后，从书籍美术到书籍装帧的概念转换，推动着书籍设计的时代性进步，在此后很长的时间内，这两个概念几乎是同时使用的，直到20世纪80年代初，书籍装帧艺术通过书籍装帧相关理论书籍的呈现，才得以确定。从此，装帧概念在中国形成并广泛使用，书籍随之产生制度上的范式性革命，进一步适应了书籍的传达功能以及当时人们的阅读、审美需求。书籍在装帧方面需要设计的部分也有所增加，除封面画和插图之外，还要考虑诸方面细节要素，以实现物化

图1-12

图1-13

（a）　　　　　　　　　　（b）　　　　　　　　　　（c）

图1-14

呈现的技术效果之间的平衡。如闻一多绘制的封面和插画中，
颇为典型的为《猛虎集》的封面（图1-15）和《死水》的封面
与内页（图1-16）等，将传统绘画风格体现于书籍的实用性
中；鲁迅具有超越这一时代的设计意识，他重视纸张材料的选
择与印刷色彩的呈现，并在较多著作的封面中体现了这一时代
的书籍封面少有的简洁与规则性（图1-17～图1-19）。

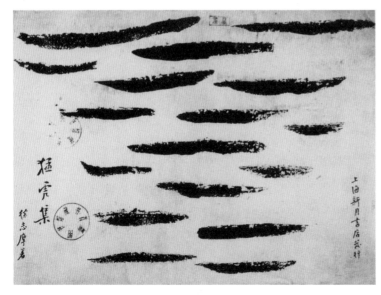

图1-15

图1-14

1930年的《东方杂志》
封面

注

陈之佛设计，使用域外
图案作为封面画，（a）
为第27卷第4号；（b）
为第27卷第10号；（c）
为第27卷第20号。作
者拍摄于中国美术学院
民艺博物馆。

图1-15

闻一多绘制的《猛虎集》
封面

注

徐志摩著，上海新月书店，
1931年出版。图片由张
焱拍摄于中国艺术研究院
中国油画院陈列馆。

图1-16

图1-16

《死水》封面与内页

注

1930年出版, 新月书店, 闻一多绘制封面。图片由张焱拍摄于
中国艺术研究院中国油画院陈列馆。

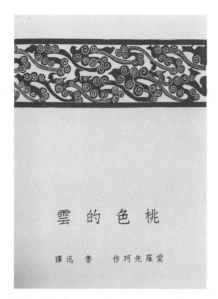

图1-17

图1-17
《桃色的云》封面

注
1923年出版,生活书
店。作者拍摄于上海鲁
迅纪念馆。

图1-18
《呐喊》封面

注
鲁迅第一部小说集,
1923年出版。作者拍
摄于上海鲁迅纪念馆。

图1-18

图1-19

图1-19

《引玉集》封面

注

鲁迅设计，1934年出版。作者拍摄于上海

鲁迅纪念馆。

第二节
20 世纪中叶后的书籍装帧设计

一、书籍装帧专业教育形成

民国时期的图案教育，在中华人民共和国成立后逐渐发展，但在专业教育体系中显露出一些弊端。如图案科或图案手工科设置过于分散、学科名称不统一，在发展上缺少宏观的规划和管理，导致教学目标与内容相对脱节。与此同时，工艺美术教育得到了一定程度的重视并开始成形。1956年，国务院批准中央工艺美术学院成立，成立初期，学院分为染织美术系、陶瓷美术系和装潢美术系。而书籍装帧专业，则隶属于装潢美术系，在中国高等专业院校率先成立。

书籍装帧在中国设计教育的萌芽中扮演着重要角色，甚至相互伴随发展。书籍装帧教育体系为装帧行业培养了大量的设计人才，他们致力于推动书籍装帧艺术的发展，为出版行业和书籍装帧专业的发展做出了巨大的贡献，使中国的书籍装帧艺术表现形式吸收西方文化的精华而不断进步。图1-20是为庆祝中华人民共和国成立10周年而制作的《中国》画册，8开的尺寸、布面函套、祥云锁扣、封面上云锦及缂丝工艺等，体现了当时较高的装帧设计水平与较为精湛的印刷工艺。

书籍装帧专业在十年初创时期发展得颇为艰辛，以邱陵与张光宇为代表，最开始设有封面设计、插图、编排和书籍宣传四门专业课程。由此可见，书籍装帧教育初创时在教学理念上，对装帧的理解并未局限于书籍的封面绘画内容或装饰图案，而涵盖书籍各个部分的设计内容，并要求学生了解与掌握一定的印制技术。20世纪60年代出版的《出版业务知识》《书籍装帧设计》，

图1-20

图1-20

《中国》画册函套、书脊、封面、内页等

注

《中国》画册编辑委员会，1959年出版。

作者拍摄于上海图书馆。

以及之后出版的《书籍装帧艺术简史》（图1-21）《版面设计》《书籍装帧设计原理》等教材，较早运用于教学中。图1-22为邱陵先生设计的《海誓》的封面，尽管封面上没有较多工艺，只使用彩色印刷，但称得上一幅完整的艺术作品。艺术形式接近日本浮世绘的海浪图，既体现洋为中用又符合"海誓"的主题，扉页中用图案做了装饰，书的封面、书脊与封底相连接，体现出装帧方面的现代设计思想。图1-23和图1-24为张光宇先生为《万象》与《装饰》杂志设计的刊名字体，虽经历几十年纸张材料与装帧技术的革新，但象征着杂志视觉形象与精神内涵的刊名字体却一直沿用至今。

图1-21

《书籍装帧艺术简史》封面、封底及书脊

注

邱陵著，邱陵设计，黑龙江人民出版社，1984年出版。作者收藏。

图1-22

《海誓》封面、封底及扉页

注

邱陵设计，作家出版社，1961年出版。作者拍摄于上海图书馆。

图1-21

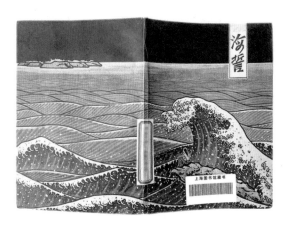

图1-22

图1-23

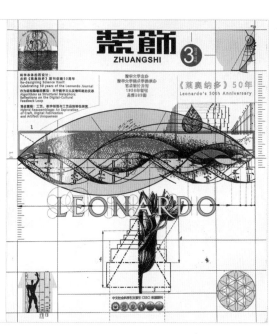

图1-24

图1-23

《万象》杂志的刊名字体及封面

图1-24

《装饰》杂志的刊名字体（作者临摹）及封面

二、中国书籍装帧设计"走出去"

　　1959年4月首届全国书籍装帧插图展览会在北京举办，标志着中国在国家层面开始重视书籍的装帧设计。这次展览会选出了多幅作品参加同年8月在德国莱比锡市举行的国际书籍艺术展览会，实现中国书籍设计"走出去"，成为此行的目的之一。

　　中国书籍参加国际书籍艺术展览会并获得各类奖项，是中国书籍装帧设计发展历程中的第一个高潮。尽管当时的获奖书籍是为参展而制作，出版数量极少，甚至有的设计师、印刷工厂也无法具体考证，总结下来，作品大多以协作的方式进行设计，强调集体的成果。另外，参展的中国书籍在印刷制作过程中，物质技术条件与当时经济发达的国家相比尚有差距，但这

图1-25
《永乐宫壁画》函套、封面、内页、扉页及目录等

注
上海人民美术出版社，1959年出版。图片拍摄于上海图书馆。

图1-25

些送展书籍从艺术性、材料使用与技术的结合等方面，扬长避短，以悠久的传统文化语言弥补技术条件的限制，体现了当时中国书籍装帧艺术的最高水平。从1959年中国参加国际书籍艺术展览会并获得24个奖项来看，以参展为名进行书籍设计，一大批优秀的装帧家、美术家与出版家等职业群体共同参与，使装帧的质量和技术水平提升很快；中国向世界展示的，不仅是书籍装帧技术水平方面的进步，更是特有的民族艺术风格。尤其是荣获金质奖章装帧奖的《楚辞集注》《永乐宫壁画》（图1-25）、《五体清文鉴》（图1-26）等，它们既向世界展示了中国古籍善本的精工细作，又弘扬了中国优秀的历史文化，展现了民族特色。

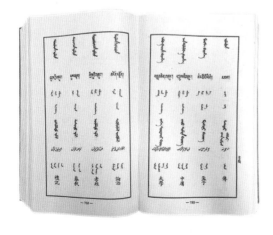

图1-26
《五体清文鉴》封面、书脊、扉页及内页

注
萨一佛设计，民族出版社，1957年出版。
图片拍摄于上海图书馆。

图1-26

获银质奖章装帧奖的《中国货币史》（图 1-27），封面使用精装方式并有压印花卉底纹工艺，书名居中并置于钱币形底纹中，书中介绍历代货币，大型插图使用独特的折叠形式，纸张比内页薄的大图插页能够清楚地体现画面的细节。《杨柳青年画资料集》（图 1-28）与《永乐宫壁画》类似，杨柳青年画为民间木版年画，具有其特定的功能意义，用来体现劳动人民每到岁末除夕对于未来一年"五谷丰登"的美好愿望，展示了中国绘画艺术的现实主义传统在民间绘画中的发展。获银质奖章排字印刷奖的《梁祝故事说唱集》（图 1-29），封面以单色传统绘画的形式为底，书名浮于绘画之上竖排，内页版心的面积与版式的排列控制严格，文字居于图片右上侧竖排。这些获银质奖章的书籍作品从制作成本上看，因为工艺简单、材料

图1-27

《中国货币史》封面、扉页及内页展开

注

任意设计，上海人民出版社，1958年出版。图片拍摄于上海图书馆。

图1-27

图1-28

图1-28

《杨柳青年画资料集》书脊、内封、扉页及内页

注

邵景濂设计，人民美术出版社，1959年出版。作者拍摄于上海图书馆。

图1-29
《梁祝故事说唱集》封面
及内页

注
何和一设计，古典文学
出版社，1958 年出版。
作者拍摄于上海图书馆。

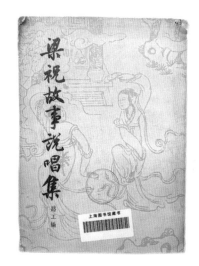

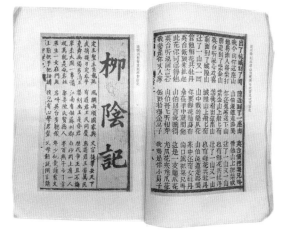

图1-29

种类少而降低了成本，但内容仍然充实。在图文搭配与内页规则的版式排列上，经过设计者的思考，为了获得更好的阅读体验，使组成书籍的元素之间互相关联又各自独立，从而形成独特的设计语言。

20世纪中叶中国经济实现稳步增长与提升，印刷技术及耗材等物质条件也随之提升并丰富起来。同时，出版管理机构的成立与各项出版规则越来越系统化、规范化，使书籍在装帧设计上也有了规则可循。在工艺美术教育形成之初，书籍装帧专业带动设计观念的形成，并促使中国书籍"走出去"，通过与其他国家的获奖书籍进行对比，寻找自身的发展路径。

第三节
20 世纪末的书籍整体设计

一、西方艺术思潮与设计风格的影响

书籍承担着传播文化的使命，在印装技术快速发展的时代背景下，对物化书籍整体形式的表现有了进一步的要求。通过设计教育的培养，从事装帧设计的主体日趋专业化，他们自觉或潜移默化地受西欧、美国或日本的艺术潮流与设计风格的影响并将其融入书籍设计作品中。20世纪80年代后，中国设计师视野越来越开阔，逐渐接受并参考西方艺术与设计形式，主要表现在图形的处理手法、字体的设计以及版式设计方面。80~90年代的书籍设计师较多受到欧洲工艺美术运动、俄国构成主义、日本现代主义设计，以及国际主义网格设计风格的影响，甚至直接将"西方样式"运用于中国书籍封面的艺术形式中。

如1991年版的《安徒生童话故事全集（新译本）》（图1-30），结合童话故事主题的特点，封面使用植物装饰纹样彩色印刷，中间部分安徒生的头像与黑的底色、金色边框均为电化铝烫印工艺。在封面的装饰中，植物纹样充满整个画面，线条流畅、明快，并左右对称，色彩艳丽丰富，整本书看起来具

图1-30

图1-30
《安徒生童话故事全集（新译本）》封面

注
周建明设计，中国少年儿童出版社，1991年出版。
作者拍摄于上海图书馆。

有较为明显的欧洲工艺美术时期的装饰纹样风格。

《机械设计手册》与《领导科学基础》两书的封面都使用了无饰线的西文字体与汉字排列（图1-31、图1-32）。与"机械设计手册"搭配的英文，使用了笔画较细的无饰线字体；《领导科学基础》的封面使用汉语拼音与中文书名呼应。封面色块分割方式与蒙德里安较为经典的艺术作品（图1-33）在构图上相近。但值得注意的是，这种以方正字形构成的中文字体与以曲线为主的西文字体的组合搭配，其视觉上的审美性取代了实际的内涵指向。

二、整体设计观念形成

英文中没有"装帧"一词，而用"book design"表示书籍设计，随着现代设计风格的演变，书籍在封面、插图与版式的编排方面呈现多种风格。由于地域的相近与文化来源的相似，日本的装帧风格对中国现代设计的影响相对较大。

20世纪后，日本活跃的文艺思潮和出版业兴盛带动了书籍、杂志的出版；近代图案学对实用美术产生了较为广泛的影响，

图1-31

《机械设计手册》封面

注

郭景云设计，机械工业出版社，1991年9月出版。作者拍摄于上海图书馆。

图1-32

《领导科学基础》封面

注

翁文希设计，广西人民出版社，1985年4月出版。作者拍摄于上海图书馆。

图1-33

荷兰画家蒙德里安艺术作品《红、黄、蓝构图》

图1-31

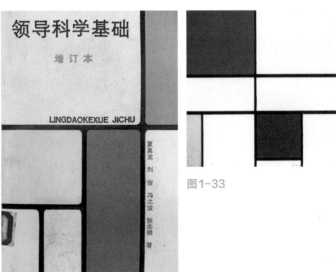

图1-32

图1-33

除大量运用于广告设计外，也运用在书籍的封面设计；印刷技术与实现印刷工艺的手段更为先进，较早实现了烫金、装帧布裱糊等工艺，因此，日本的书籍，在20世纪初便呈现出一定的现代设计特征。这个时期的画家、图案家、工艺美术家等，纷纷投身于书籍封面的设计，并促进日本书籍设计乃至平面设计领域的发展。如图1-34、图1-35是《新译源氏物语》的下卷之一和中卷两个版本，均由日本书籍设计师中泽弘光设计，书籍封面均使用日本传统浮世绘的绘画风格表现景观，精装的装帧方式，书脊处的书名使用了烫金工艺，工艺水平领先于同时期中国书籍的印刷水平，同时较为明显地体现出日本的书籍艺术风格与整体观念。图1-36的《斧琴菊》同为中泽弘光设计，使用了图案画的不同风格，动物、植物与其他图形相结合，蓝色与黄色的底色相和谐并具有鲜明的对比，书脊处呈现出金色

图1-34

图1-34

《新译源氏物语》（下卷之一）封面、书脊及封底

注

中泽弘光设计，金尾文渊堂1913年11月出版，蔡仕伟收藏。拍摄于中国美术学院设计博物馆。

图1-35

《新译源氏物语》（中卷）封面、书脊及封底

注

中泽弘光设计，金尾文渊堂1912年6月出版，蔡仕伟收藏。拍摄于中国美术学院设计博物馆。

图1-35

图1-36

《斧琴菊》封面、书脊及封底

注

泉镜花著，中泽弘光设计，昭和书房，1934年3月出版，蔡仕伟收藏。拍摄于中国美术学院设计博物馆。

图1-36

的书名与作者信息文字，同样体现出较强的日本民族风格与现代性、整体性。图1-37的《绘入草纸》，为日本同时期书籍设计师小村雪岱设计。在书籍封面中，使用了对称的手法与传统的绘制方式，并具有一定的西方构成形式与创意思维，在装订形式上使用硬壳精装的方式，书脊处用金色体现书名与作者名等文字信息，同样具有整体的设计观。

图1-37

中国很多学者对日本书籍设计作品进行过研究，发现它们有个共同点就是将书籍各个要素贯穿于设计之中，包括一本完整的书及其各部分细节的统一关系，即书籍的整体设计。如吕敬人设计的《蛇类》封面（图1-38），蛇身的纹路与底色相融，不仅考虑图形设计，还考虑书名字体的设计，表现整体设计的观念。《北京画院密藏齐白石精品集》（图1-39）则使用工艺手段在黑色封面上烫印黑色电化铝，具有现代设计的意味。《中国民间美术全集》（图1-40）为系列丛书，不论封面、书脊还是内页的排列，都具有规则性与整体性。

图1-37

《绘入草纸》封面、书脊及封底

注

邦枝完二著，小村雪岱设计，新小说社，1934年1月出版，蔡仕伟收藏。拍摄于中国美术学院设计博物馆。

图1-38
《蛇类》封面

注
吕敬人设计，科学出版社，1981年出版。作者拍摄于上海图书馆。

图1-39
《北京画院密藏齐白石精品集》函套及封面

注
姚震西设计，广西教育出版社、广西美术出版社，1998年12月出版。作者拍摄于上海图书馆。

图1-40
《中国民间美术全集》函套及书脊

注
吕敬人设计，山东教育出版社、山东友谊出版社，1995年3月出版。作者拍摄于中国国家图书馆。

图1-38

图1-39

图1-40

改革开放后，致力于中国书籍设计事业的设计师也逐渐形成设计整体性的观念。从1979年举办第二届全国书籍装帧艺术展览的评选开始，设置了"整体设计"奖项。另外，1980与1981年由中国出版工作者协会举办的"全国书籍装帧优秀作品评选"，设置的五个奖项中也包括"整体设计"。

改革开放以来随着经济的发展，书籍的装帧设计工作变得重要起来，作为出版前的工作，不仅要考虑到书籍的封面、插图、编排和宣传，字体造型也被纳入书籍装帧设计中，这要求装帧设计者具有较高的艺术修养，也需具备一定的出版常识、印刷知识以及人体工学的知识，以便于对阅读舒适度的考量，结合此四者，才能做好书籍的设计工作。因此，书籍的整体设计观念逐渐被书籍设计者重视起来。图1-41、图1-42是比较有代表性的书籍装帧设计。

图1-41

图1-41
《吕胜中线描选》封面

注
苏旅、吕胜中设计，广西美术出版社，1997年10月出版。作者拍摄于上海图书馆。

图1-42

《中国版画史图录》封面
及书脊

注

陆全根设计，上海人民
美术出版社，1988年10
月出版。作者拍摄于上
海图书馆。

图1-42

如今"装帧"一词并没有因时代的发展而被淘汰，它与整
体设计的范围不同，两者在概念上并不因时间推移而冲突。书
籍的装帧设计是书籍整体设计的重要内容，整体设计包含装帧
设计的部分，书籍的整体设计包括书籍装帧设计与技术设计
（图1-43）。因此，20世纪后设计艺术以多元化、跨学科化快速
发展，装帧具有其存在的合理性。

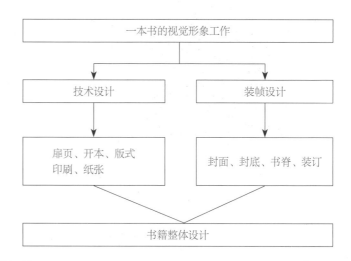

图1-43

书籍的整体设计图解

图1-43

第四节
20世纪后的书籍设计

一、书籍设计概念的提出

书籍一般指装订成册的著作。这是从现代书籍册页制度的角度简要地对书籍进行释义，体现了书籍包含"装订"技术并最终以"册"的形式展现，通过翻阅的行为实现书与人之间的互动。

书籍的本质是实现愉悦的阅读，一本书的完整性，不仅在视觉上与阅读主体互动，还包括人的其他感官如触觉、听觉、嗅觉、味觉的互动以及心灵上的互通，以实现阅读体验过程的舒适。读者在拿到一本书时，首先对书的封面、封底与内页版式形成视觉上的感受，纸张及印装技术给人触觉上的感受，因此，书籍的设计便以视觉与触觉为主，同时根据内容表达，设计师需考虑表现作者思想的物化书籍如何在其他感官方面与读者进行和谐而生动的互动，以实现良好的阅读体验。因此，书籍设计师不仅要将书稿从文字转变成产品，还要帮助作者实现与读者在思想上的互通和互动。作为具有文化属性的商品，书籍还通过统一的品牌形象体现出版机构的出版文化。

21世纪以来，随着设计学科走向多元化，跨学科、跨领域研究成为一种趋势，书籍的整体设计也得到了延伸。在西方国家，自威廉·莫里斯倡导的工艺美术运动发展以来，一直使用"book design"来称谓书籍设计。包豪斯设计学院的构成设计专业传入日本并被引入中国，带动了中国设计学科的发展。自中国进入现代社会，书籍制度发生改变以来，艺术家成为封面画的主要设计者，包含封面艺术与装订技术的"装帧"一词从日本引入，并一直使用至今。书籍设计概念的提出，并没有特定的时间点与具体的提出者，而是随设计的发展和设计观念的更新逐渐形成的。

20世纪80年代以来，对书籍整体设计观念的强调，使装帧设计师不仅要考虑书籍艺术形式的表达，在此基础上还增加了平面设计的工作。设计师不仅要完成外在装帧的设计，还要综合书籍的内容，如图文内容、信息图表的设计、材料与工艺的选择等各个方面，同时还要考虑到其他互动的元素与读者的阅读体验。自出现现代化的平装书以来，书籍的整体设计，也经历了从二维的平面空间上升到三维的立体化、多元化的设计变化。

二、书籍设计概念的多元化与立体化

杉浦康平是日本乃至亚洲较有影响力的设计师之一，他对汉字的字体研究充满兴趣，并将东方文化融入设计作品中，在他的《旋——杉浦康平的设计世界》（图1-44）一书中，他将设计行为比作为书籍注入生命，认为对书籍进行设计的过程是书籍的生命从无到有的形成过程。杉浦康平较早地接触瑞士网格系统并将其运用至日本书籍的竖排格式中，因其较为缜密和严谨的建筑专业背景，在书籍装帧设计的研究中，提出了"艺

图1-44
《旋——杉浦康平的设计世界》封面、内封及内页

注
敬人书籍设计、吕雯设计，生活·读书·新知三联书店，2013年6月出版。作者收藏。

图1-44

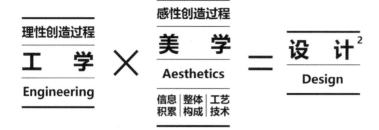

图1-45

图1-45

"工学 × 美学＝设计 ^{2}"

理念示意

术工学"的观点，并形成"工学 × 美学＝设计 ^{2}"的理念（图1-45）。吕敬人教授在留学期间受杉浦康平设计思想的影响，形成适合中国现代书籍设计的思维模式和设计方法。在2017年出版的《书艺问道：吕敬人书籍设计说》一书中，他理解并升华书籍设计的概念，并将其分为三个层面，即：书籍装订或封面装帧（bookbinding）；排版设计（typography）；编辑创意设计（editorial design）。

对于书籍设计的研究，除涉及形态学、构造学、心理学等学科之外，还需要编辑学、逻辑学、图像学、符号学、工艺学、美学等多个学科的共同支撑，来丰富书籍设计的概念，从而完成内在理性的与外在感性的形象构造。随着设计学科超越边界、多学科领域的综合发展，书籍设计概念的内涵呈现出多元化与立体化的发展态势。在数字化出版和人工智能改变人们生活方式的时代下，纸张不再是承载书籍唯一的物质载体。不论电子书、电子纸，还是以电子屏幕代替纸张的阅读，其阅读的方式都是模仿纸质书籍的阅读习惯，均以文字、图像为媒介传递文化信息。书籍作为具有文化属性的商品，始终需要在设计的过程中注入"书卷气"，体现其文化特征。书籍设计者对于书籍设计的考量，在注重艺术形式的基础上也需要科学理性的逻辑思维，使之成为视觉、触觉、听觉等多方位感受和谐统一的整体（图1-46、图1-47）。

图1-46

《上海字记》封面及内页

注

姜庆共设计，上海人民美术出版
社，2017年出版。作者收藏。

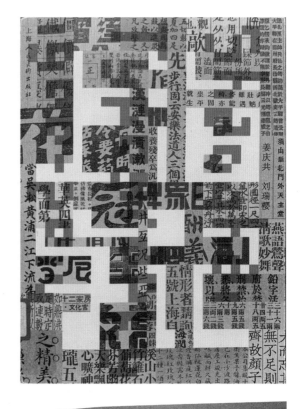

图1-46

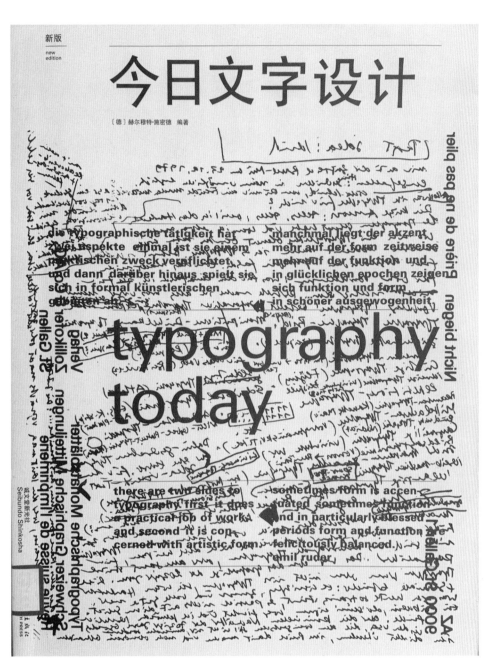

图1-47

图1-47

《今日文字设计》封面

注

赫尔穆特·施密德著，王子源设计，
中国青年出版社，2007年出版。图
片拍摄于上海图书馆。

第 二 章
优化阅读体验的设计

第五节 扉页和插图设计

第四节 装帧设计

第三节 编排设计

第二节 编辑设计

第一节 书籍的结构

第一节
书籍的结构

对现代印制技术条件下书籍的主要结构有了充分了解，便能够在设计中有的放矢，根据其形态进行合理的设计。书籍的各部分结构并没有硬性规定，而是要根据书籍主题及制作的需要有所取舍。图2-1中列举的各部分名称，相较于常规印刷装订书籍则更为详尽，以供参考。

图2-1
中国现代书籍结构图
（作者绘制）

一、书籍的外部构造

当前工业生产技术下普遍印制的书籍，在结构上分为外部

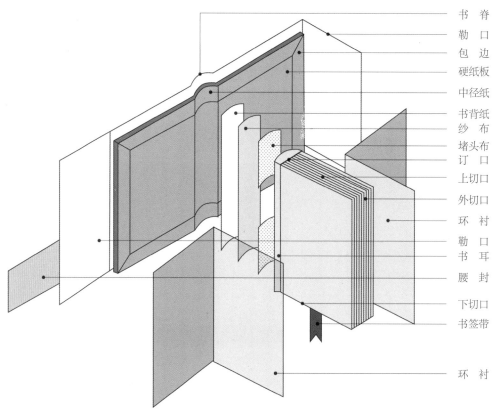

书　脊
勒　口
包　边
硬纸板
中径纸
书背纸
纱　布
堵头布
订　口
上切口
外切口
环　衬
勒　口
书　耳
腰　封
下切口
书签带

环　衬

图2-1

构造和内在构造。外部构造包括封面、书脊、勒口、包边、订口、上下切口和外切口、腰封等（图2-2~图2-7），除此之外，还有书籍的函套、护封、内封等保护书籍与具有美观效果的部分。函套一般使用硬质材料包装较为昂贵的书籍，起到保护书籍的作用。封面即书的脸面，具有表达书籍主题、吸引消费者视线的作用。其中书脊是书籍装订成册时黏合固定的一侧，在现代书籍中，书脊显示书名、作者、出版信息等，为读者提供方便。勒口作为封面的延伸，能够承载封面信息之外的文字及图像信息，同时能够包裹书籍封面，对书籍本身起到保护作用。包边是硬壳精装书包裹的纸张，一般为具有特殊肌理效果的特种纸或装帧布，包边上层再裱糊整张纸，连接封面与环衬，并显得规整美观。订口为书脊一侧的装订处，装订方式不同，订口也会显示出不同的形态。上下切口和外切口，是书籍制作过程中的后序步骤，一般用机器裁齐、方便翻阅，也有创新的形式例如切成异形、毛边等。腰封作为封面的辅助装饰，以补充封面信息之外的文字与图像信息，起到使封面更具层次及说明性而吸引消费者购买的作用。

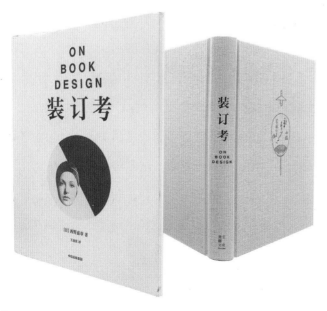

图2-2

图2-2
《装订考》的护封及内封

注
中信出版社，2018年2月出版。作者收藏。

图2-3

图2-4

图2-3

《食物信息图》书脊

注

北京联合出版公司，2017年3月出版。作者收藏。

图2-4

《装订考》书脊

注

中信出版社，2018年2月出版。作者收藏。

图2-5

图2-5

《装饰的法则》外部结构

注

按从左至右，从上至下的顺序依次为封面、腰封、内封、勒口及内封、勒口、订口，江苏凤凰文艺出版社，2020年6月出版。作者收藏。

图2-6

《高贵的单纯—艺术美
学古今谈》封面及书脊

注

许甲子设计，江苏凤凰
美术出版社，2021年4
月（作者拍摄）

图2-6

图2-7

二、书籍的内部构造

内在构造包括书籍的环衬、扉页、版权页、序言页、目录页、正文页、书签带等。环衬起到连接书籍封面与内页的作用，在书籍的阅读秩序中拉开帷幕，纸张一般与内页不同，为较厚或成本更高的特种纸。扉页包括书名、副标题、作者名、出版信息等，一般位于环衬之后，将封面信息精简，提取文字信息置于同样位置，或其他创新排版形式。出版管理机构对出版物有统一的管理和要求，版权页显示统一的出版信息，以方便读者、图书馆及出版发行部门识别书籍的详细信息。序言页在正文前，一般有作者的编写意图、过程以及致谢等内容，一般不超过2页，有的页面右下角空白处会有作者手写的签名。目录页在正文页前，展示书籍内容框架的文字信息，在字体、版式的设计上不同于正文。书签带一般为细窄的绸缎质感布带，将一头裱糊在精装书的书脊处，一头夹在内页作为书签的标记。图2-8、图2-9为两本书的内部结构。

图2-7
《高贵的单纯—艺术美学古今谈》上切口及外切口

注

许甲子设计，江苏凤凰美术出版社，2021年4月（作者拍摄）

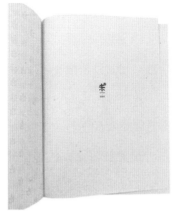

图2-8

《食物信息图》内部结构

图2-8

注

北京联合出版公司，2017年3
月出版，作者收藏。

图2-9
《装饰的法则》内页
各部分设计

注
江苏凤凰文艺出版
社，2020年6月出版。
作者收藏。

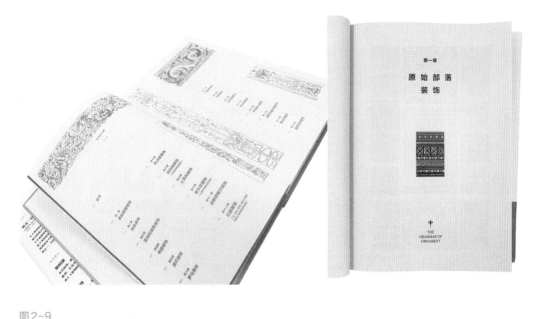

图2-9

第二节
编辑设计

《新华词典》中，"编辑"的定义为："在书籍、报刊的出版过程中，对稿件、资料进行整理、修改、加工等工作。也指新闻出版机构担任上述工作的人员。"可见，编辑包含对应的工作和职业。它既是动词，又是名词。对现代书籍而言，编辑设计是指动词层面，利用视觉传达的设计知识，将书籍内容进行时间与空间的整合。这项工作的执行者属于设计主体，即书籍设计人员。

编辑设计有其自身的双面性：既属于编辑领域，又属于设计领域；既是时间顺序的梳理，又是空间元素的整合；既有逻辑思维的展现，又有设计者的审美把控。与编排设计不同，"编排"是把许多项目依次排列，更多的是指空间的排序，即对版面、字体、色彩等要素的考量，是编辑设计之后的工作。吕敬人对编辑设计的定义为："书籍设计师将读者的阅读过程引至书中所述结果而使用的方法。"因此，编辑设计是为了提升读者的阅读体验并形成愉悦的阅读过程，其设计过程需要逻辑贯穿成线。

编辑设计工作，需要设计师结合书籍不同的主题、内容、受众、成本等因素，而做出不同的方案。在这一过程中，设计师与作者、编辑进行充分沟通，作者和编辑向设计师提供完整资料，设计师运用视觉艺术审美语言并结合文本阅读，用设计

图2-10
编辑设计的内容

图2-10

手段解决文本欲表达却未及之处，甚至超越文本本身的魅力，而将书籍内容进行时空的整合。编辑设计需要整合的时空内容，是为了合理安排书籍线性叙事内容，包括时间内容和空间内容两部分。时间内容包含阅读内容的顺序、阅读节奏的控制，以及信息的流动；空间内容指书籍物化载体、图文元素的设计，包含呈现物化书籍的制作材料、书籍的形式美以及视觉化信息的编辑等（图2-10）。因此，编辑设计工作对书籍设计风格起到一定的决定作用。优秀的设计师能够通过与作者及编辑的有效沟通，将文本信息进行合理地提升，以达到理想的阅读效果。《徐邦达：我在故宫鉴书画》一书的设计表现了很好的对图文信息的编辑设计（图2-11）。

图2-11

《徐邦达：我在故宫鉴书画》内页中图文信息的编辑设计

注

水玉银文化设计，化学工业出版社，2019年1月出版。作者收藏。

图2-11

编辑设计是将已有的元素，经过解构和重构，以适应读者的阅读秩序。书籍的阅读过程具有时间性，因此，这需要设计师用逻辑思维将其进行整合与重构。编辑设计其实是对书籍文本内容，即图文信息的整合，以形成良好的书籍阅读体验。

　　书籍本身是传达信息的物质载体，具有文化属性。虽然书籍设计属于视觉传达专业范畴，但它是限于二维或三维空间内的设计，还需要设计师考虑时空的演绎。进入书籍的内容当中，将平实的文本信息进行艺术形式的提升，并对书籍信息进行分解、归纳、重组，是一个重构的过程，以达成书籍线性叙事的完整性并符合书籍美学，形成阅读者与被阅读内容愉悦共通的关系。

　　将文本信息分解、归纳、重组，并不是单纯地将书籍内容拆开，而是在与作者及编辑充分沟通后，将艺术审美与阅读功能进行有效的提升，从而使内容清晰、逻辑合理，并将每部分内容安排得当。因此，文本信息的可视化是编辑设计的最终目的。《装饰的法则》这本书（图2-12），在内容上将图案元素摘取并进行组合，形成有效图形信息的整理，使内页文本信息实现可视化编排。

图2-12
《装饰的法则》内页

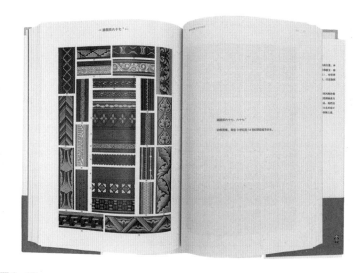

图2-12

第三节
编排设计

　　中国古代书籍的内页有不同的材质和不同的样式。自有汉字记载以来，中国书籍从简册制度（也称"简策"）发展至册页制度，经历了材料、装订、文字等方面的演变，但在内页的排列上，有自身发展规律，即顺应古代书法的书写方式，自上而下、自右而左地排列。直至近代的线装书，出现具有规则的版式样式：内页有固定的版心作为文本内容面积的界定。另外，页面中间由鱼纹、象鼻、黑口组成，用来折叠纸张，分隔两侧内容。天头与地角较为宽敞，版框的线粗于上下栏及边栏（图2-13）。中国古代传统的排版方式有其自身的韵味与民族特点，但也因无法适应现代汉字照排技术以及与西文的排列形成统一而演变为横排。

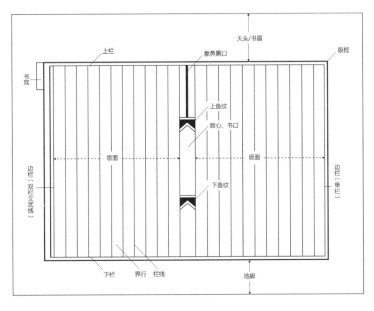

图2-13
中国传统书籍内页版式

图2-13

图2-14

图2-14
《曹雪芹的风筝艺术》内页版式排列

注
图片为作者拍摄实物书籍。

图2-15
《小红人的故事》内页版式的传统竖排形式

注
图片为作者拍摄实物书籍。

图2-15

即使在现代工业化技术条件下，为追求古为今用，有时将传统版式运用于现代书籍，虽然没有复杂的鱼纹及上下边栏等，但也遵循汉字竖排与从右至左的阅读方式，与现代西文的横排方式产生明显的不同。如《曹雪芹的风筝艺术》(图2-14)、《小红人的故事》(图2-15)等现代印制条件下的书籍是对线装书内页排列形式的回归，在现代设计背景下仍保留民族传统的韵味。

中国现代书籍随着印刷技术的发展而与世界同步甚至比其更为先进，为适应数码化的印刷手段及受到西方艺术形式与设计风格的影响，中国书籍的内页出现新排版规则，版式设计是当今高校视觉传达专业的基础课程之一。

第四节
装帧设计

一、封面设计

　　书籍设计师张慈中先生阐述了"书籍装帧艺术"的含义："有了装帧设计的方案和图纸，还不算是装帧艺术，只有当方案上、图纸上的设想通过印装工人的生产实践活动，成为装帧具象——书籍实体的时候，这才谈得上书籍装帧艺术。"因此，书籍的环衬、扉页、插页等，在早期仍然属于美术家或书籍装帧工作者需要进行设计思考的部分。

　　对于书籍的装帧设计而言，封面设计是较为重要的环节。传统书籍的封面被称为"书衣"，函套也归属于书衣的范畴。蝴蝶装、线装书本以纸质书衣为主，或用绢，卷轴装腹背用锦，经折装、册页装则多用织锦面板或高级木板，而函套一般用布或锦。中国古代的书衣，有题签、书跋、作画、钤印等要素，颇为讲究。现代书籍的封面，其功能仍然是保护书籍，并传达书籍的主题信息。在印刷逐渐工业化且手段多样化的背景下，封面不仅以文字信息为主导，还在此基础上添加了图像艺术元素。

　　现代中国的书籍封面，在工业化的纸张与模块化的篇幅内，承载文字与图像信息，不同的纸张传递出不同的材料信息。20世纪实行平装书制度以来，书籍的封面仍然以美术家的美术作品或图案化的艺术形式为主，外在也受日本书籍、杂志等刊物封面画的影响，趋向于美术化的表达。到了20世纪60年代中期，书籍的封面艺术形式逐渐单一并客观化。80年代后，随着科学技术的迅速发展，印刷速度的大幅提升，设计学科的发展

图2-16   图2-17

图2-16
《中国纹样》封面

图2-17
《数据新闻设计》封面

因受西方设计风格的影响而发生变化，书籍在封面设计上，结合新技术新材料而形成多种形态的表达。

书籍的封面是阅读过程中的第一帧，函套与腰封也属这一范畴。因此，设计师不仅要掌握印刷常识与材料特点，还要将此运用于封面的设计，在第一时间传达给读者书籍主题的图像信息和书名、作者、出版社等文字信息，同时，要充分考虑腰封与封面在空间上的结合，体现出书籍外部审美所表达的主题。图2-16和图2-17是优秀封面设计的代表。

二、书籍的装订

中国书籍装订艺术发展的历史悠久而富于变化。传统书籍装订方式的演变，如包背装、经折装、旋风装、线装等，是在现代书籍制作技术下仍然追求的形式。20世纪初西方机械化印刷技术传入中国，开始出现平装书，于是，书籍的装订形式发生了变革。在这一演变进程中，不难发现，中国书籍不论以何种方式装订成册，都是对多张相同尺寸纸张的整合，使单张纸具有页码的秩序感从而形成逻辑上的阅读顺序。平面的纸张通过装订的手段形成三维的空间效果，成为具有消费功能和文化属性的商品，可见装订对书籍形成的重要作用。

在现代书籍制作工艺的多样性方面，日本更早地出现了烫电化铝、起凸、植绒、过UV、覆膜等工艺。如《新译源氏物语》中卷出版于1912年，封面采用日本浮世绘绘画风格，硬壳精装的装订技术，为保留完整画面，烫金的书名文字只体现在书脊处，成为较早使用烫金工艺的图书，与绘画形式的封面结合，具有现代书籍的意味（图2-18）。

因此，在对书籍各部分的设计过程中，需要设计师具备整体的设计观与审美修养，充分考量局部与整体、技术与艺术、物质载体与书卷气之间的关系。同时，书籍是以六面体为基本造型的产品，设计师不仅需要具有平面设计相关的知识，还要把握好立体空间的效果，形成完整并使受众能够阅读甚至是"悦读"的产品。图2-19和图2-20展示了现代技术下的线装形式和开背装订形式。

图2-18

图2-18

《新译源氏物语》中卷

注

中泽弘光设计，金尾文渊堂1912年6月出版，蔡仕伟收藏。作者拍摄于中国美术学院设计博物馆。

图2-19

《方圆故事》现代技术下
的线装装订形式

图2-20

《我在故宫修文物》的开
背装订

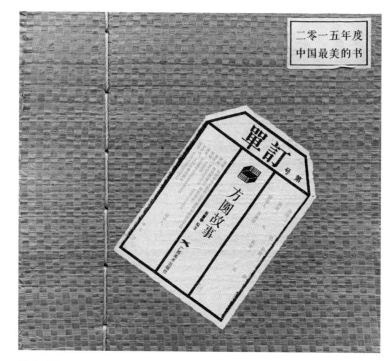

图2-19

图2-20

第五节
扉页和插图设计

一、扉页设计

　　扉页同环衬功能近似但又不同，它是封面形态与功能的延续，是封面元素的二次表达。在扉页的设计中，一般将封面内容简化，更简洁、更直观地显示书籍的文字信息。同时，在动态的翻阅过程中，扉页起到丰富书籍层次和调整阅读节奏的作用，因此纸张的选择显得尤为重要。纸张本身就是承载书籍信息的主要物质载体，在印刷技术发展的同时，造纸技术也在快速进步，纸张作为书籍的媒介，其差异化带给人们感官上的差异，成为设计师实现物化书籍的重要手段。扉页的用纸一般与正文页在色彩、肌理、厚度，甚至在尺寸、印后工艺等方面区别于其他部分。如《小红人的故事》（图2-21）的环衬及扉页设计，突破了常规中按照封面文字进行版式设计，而用中英文均竖排且字号大到充满页面的排列方式。

图2-21

图2-21

《小红人的故事》环衬及
扉页设计

二、插图设计

插图也是装帧设计内容的一部分，设计者们除了绘制封面画与封面美术字，还将深厚的美术功底运用于书籍的插图中，与文本内容相得益彰，并使文本内容有了图像上的升华。插图作为辅助文本内容的部分，对书籍的内容具有强化及解释的作用，可以实现作者与读者的情感互通。根据书籍文本内容类型的不同，插画可分为不同的形式。在印刷用色上，分为彩色插画和黑白插画；在绘画形式表现上，风格多样，绘制手段不同。归根结底，书籍插图均为通过艺术形式来传递书籍内容信息，具备艺术性与信息传递性两大要素。内页插图既是一种插图形式，也是书籍中重要的图片内容（图2-22～图2-25）。

图2-22
《食物信息图》内页插图
设计

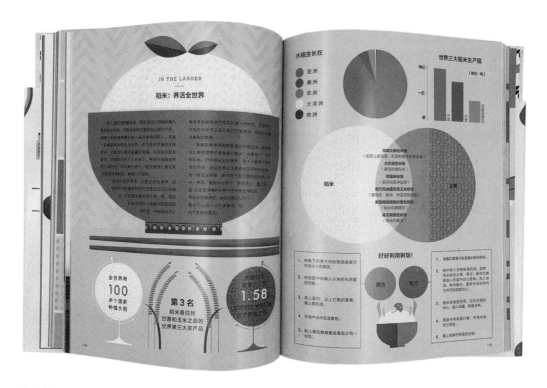

图2-22

图2-23

图2-23
《火凤凰——新人新作
推广工程（申大鹏卷）》
内页插图

图2-24
《以图释义——信息图表
设计》内页插图1

图2-25
《以图释义——信息图表
设计》内页插图2

图2-24

图2-25

第 三 章

新式图表——信息视觉化设计

第三节 图像信息视觉化设计

第二节 文本信息视觉化设计

第一节 信息设计

第一节
信息设计

一、什么是信息设计

　　信息时代下的数字化生产改变了人们的生活方式。出版数字化、印刷数字化，甚至连书籍信息都已经用多种数码载体呈现。对信息进行的设计为非物质设计，属于平面设计的一个分支。在高等院校视觉传达设计专业中，信息设计（Information Design）已经作为一门专业课程开始普及，主要是将信息数据进行分析、整合与归纳，以图形语言传达数据。信息设计"是人们依据特定用户对信息的需求所进行的信息形态设计，旨在提升信息逻辑结构的合理性、可用性和可视性"。对于信息概念的阐述，合理性即适用，可用性即功能，可视性即审美，此三者构成信息设计的原则。信息设计早期是使用户对产品信息产生信任，如产品包装上的说明、产品的使用手册及新媒体产品的界面信息等。在书籍的设计中，文本、图像、材料及装订等都是需要整合的信息，整合这些信息，将局部之间的关系协调处理以适应整体，这些成为书籍设计师需要具备的工作技能。

　　信息设计的最初形态可追溯至史前，人类通过结绳记事记录生活点滴，或用在岩壁洞穴凿刻动物形象的方式来记录生活情景或狩猎信息，正是原始社会时期以图形记录信息的方式，人类开始了对信息形态的探索。进入文明社会以来，信息图表为人们提供了阅读便利。如19世纪中期，英国医生约翰·斯诺（John Snow）通过大量理性的数据分析，得出水泵取水是引发霍乱的主要原因，并通过绘制直观的霍乱分布图（图3-1）使民众信服。英国护士弗洛伦斯·南丁格尔（Florence

图3-1

Nightingale）精通数学，在从事护理工作的同时，较早地使用饼状图来做数据分析（图3-2）。图中她对军队中患者的死亡原因进行分类，用不同颜色代表不同死亡原因的疾病，从而有针对性地改善卫生条件。至此，信息设计的概念虽未被正式提出，但已经应用在地理、医学、教育等领域。"信息设计"真正开始被定义是在20世纪70年代，理查德·沃尔曼（Richard Wurman）在美国建筑年会上首次提出"信息架构"。信息设计在"互联网＋"时代下，将充斥在人们生活中各个角落的信息进行梳理，以艺术学与数学为基础，结合认知心理学、符号学等

图3-1
约翰·斯诺（John Snow）绘制的霍乱分布图

注
图片来自《信息设计》，北京大学出版社，2017年10月出版。

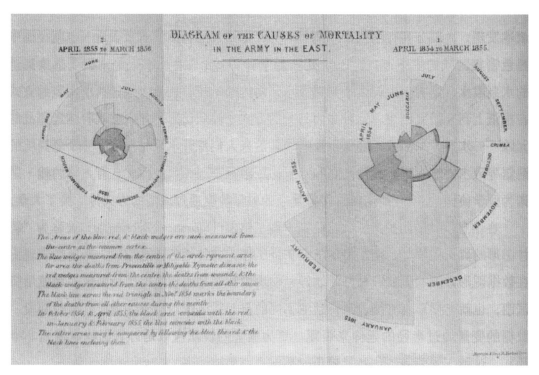

图3-2

图3-2
弗洛伦斯·南丁格尔
（Florence Nightingale）
绘制的军队死亡极区图

注
图片来自《信息设计》，
北京大学出版社，2017
年10月出版。

多个学科，成为具有商业性与社会性的跨学科、跨专业的实用性学科。在设计历史上，设计风格的演变均伴随着技术的革新，中国进入现代社会以来，书籍从专注于封面的装帧设计到多元立体化的书籍设计，概念上的发展亦是如此。

从上述案例中可以得出，早期的信息设计已经运用于多个领域而成为一门应用型学科。人类接受视觉信息受大脑控制的视神经限制，因此，信息设计的重点，在于如何通过视觉化的图形语言传达数据及文本等信息。信息视觉化设计，又称视觉信息传播设计、视觉信息传达设计。将信息形成视觉化的图形表达，以形成传达的作用，是信息设计的一部分。因为从实质上说，信息设计不仅仅是图形化的、可视化的，而更多的是指一种思想和方法，是对信息清楚而有效的表示。

二、书籍中的信息设计

　　无论是信息视觉化设计还是信息可视化设计，均在阅读方式多元化的时代改变了书籍设计的观念，将其从二维平面的装帧设计提升为三维的立体设计。若将书籍设计视为装帧设计、编辑设计与编排设计三部分，对于书籍外部结构与内部的编辑和编排设计而言，由于时间是不可逆的，在不均衡的时间点之间如何形成具有逻辑性的引导线，从而完成书籍的线性叙事，需要将文本、图像等多种要素进行时空的整合。在日本设计大师原研哉看来，"信息就应该是一种产品。既然是产品，质量就应该有保障。信息质量的提高，能使其便捷、迅速地传播。……信息品质提高带来的力量，能够增加受众的接受能力。"被设计的书籍是一种产品，那么它就是信息的物化承载体，书籍设计得好就意味着信息品质高。因此，在信息时代下，书籍的设计对象并没有本质变化，需要做的应该是进一步提高书籍设计的品质。

　　文字、图像与色彩是书籍必须具备的要素。色彩给人直观的视觉感受，因此，书籍的信息视觉化设计包含需要进行视觉化整合的信息，包括书籍的文本信息与图像信息。文字作为书籍的主要元素，在书籍的编辑及设计中起着重要的作用，图像信息是为了更有效地表达文字。

第二节
文本信息视觉化设计

　　书籍的文本信息设计包含字体与版式设计两方面，两者同时也构成了书籍的编排设计内容。汉字字体的样式，可以反映书籍的设计品质，它们构成了版式编排的原材料。书籍的字体设计，又分为书籍外部结构的字体设计与内页编排的字体选择。

一、字体信息的设计

书籍外部结构的字体设计，即装帧范围内封面、封底与书脊字体的设计。在西方现代主义设计风格的影响下，艺术形式不再是体现封面形式美的唯一方式，技术的进步使设计使用减法而显出封面书名文字的重要性，字体的选择与设计显得尤为重要（图3-3）。封面作为书籍的"衣裳"，与内文相比，可通过更多样化的工艺形式与特殊材料传达其文本信息。

图3-3
封面字体提取图

注
由本书作者提取书籍封面文字信息。

图3-3

书籍内页字体选择与编排，包括对内文字体的选择与字号、字距、行距、对齐等问题的思考。在激光照排技术普及之后，印刷实现数字化、网络化的技术革新，字体的设计工作由专门从事字体开发的公司承担，形成从字体到字库的专业化发展，设计师对字体选择有了更大的自由度。拉丁语系的字体大致可分为衬线字体（Seriffed）与无衬线字体（Sans Serif）。衬线是字符主要笔画末端的花饰，这些花饰可以让笔画在末端向外延伸。汉字印刷字体的笔画与西文印刷字体类型相似，如汉字的宋体与英文的衬线字体 Times New Roma（新罗马体），汉字的黑体与英文的无衬线字体 Helvetia（赫尔维提卡）、Arial（英文黑体）、Universe（通用体）等（图3-4）。黑体与宋体相比，不仅在笔画上有较大的差异性，结构也有明显的不同。汉字黑体产生于西方字体发展迅猛的工业革命后，在形式上"受西方无衬线体与日本哥特体的影响，其中尤以日本哥特体的影响最为重要"，黑体也为宋体所制约而形成区别于日本字体的"中国字体美学"。因此，黑体成为汉字的"无衬线体"，其发展过程直接或间接地受到西方工业文明与设计风格的影响。为了适应不同题材的读物，"异体字"适当地使用了起来，字库的形

图3-4
不同的字体

书籍设计　方正小标宋简体

book design　Times New Roma

衬线字体(Seriffed)

（a）宋体和英文衬线字体

书籍设计　黑体

book design　Helvetica

book design　Arial

book design　Universe

无衬线字体(Sans Serif)

（b）黑体和英文无衬线字体

图3-4

成以及商业化，为设计师带来了更大的选择空间，为文本信息的建立提供了可靠的便利。

二、版式信息的编排

书籍的现代版式设计，除了受西方构成主义设计风格的影响，瑞士的网格设计为中国书籍设计的内页版心的编排提供了形式上的参考，版式设计初步理性化。余秉楠在文章《世界书籍艺术的现状和发展趋势》中，将20世纪书籍设计风格流派做了四个阶段的总结，即：19世纪末，威廉·莫里斯倡导的书籍艺术革新运动；20世纪初，包豪斯设计学院结合工业化生产在科学书籍、专业书籍与画册方面的专业化设计具有里程碑意义；20世纪20年代产生的网格设计，至50年代流行于世界；20世纪80年代起，电脑辅助设计的普及，美国人戴威·卡森开始的自由版式设计。后两个阶段与版式设计有着极为重要的关系。中国自引进西方技术以来改变了书籍的装订制度，受设计风格的影响印刷字体也随西方拉丁字形的风格而有所变化。由此不难发现，技术的进步与设计风格的演变同时促进了物化书籍形态的发展。日本较早地受西方设计风格的影响，并与本土文化结合体现出强烈的民族风格。网格构成设计风格对改革开放后的中国书籍装帧设计产生的影响，大多表现在封面的面积切割，除了艺术类与摄影类等画册物质表达与视觉审美的需要，内页的编排还因激光照排技术刚刚发展而趋于千篇一律。进入21世纪，瑞士网格系统在中国书籍设计中继续发展和应用，帮助设计师进行秩序与逻辑的思考与实践，从而实现书籍美的价值。

除瑞士网格设计对中国现代书籍版式信息编排产生影响外，来自美国的自由版式设计是对现代主义理性设计的颠覆和批判，但它将元素打散重组，对旧有的元素并没有完全的否定，而是一种形式上的创新。

第三节
图像信息视觉化设计

　　书籍的信息视觉化设计，除了文本信息设计外，图像信息设计也是不可或缺的一部分。在书籍中，与符号化的文字不同，图像本身传达的信息不分地域与国界，从而消解了因文化背景差异而难以理解文字的问题，图像成为书籍中不可或缺的要素之一。

　　在书籍中，图表是常用的解读数据的手段，将图形与图标结合，能够准确并快速表达作者的意图，使读者对图表的印象更为深刻与直观。视觉化信息图表（Information Visualization）也是信息的可视化表达，是信息设计术语应用的扩大化。即用图解的方式将图形、文字、色彩等运用于信息图表，将信息图表形成视觉化的表达。视觉化信息图表不仅运用于书籍文本内容中，也被常用在其他媒介中，如伦敦地下铁路系统图（图3-5）。20世纪30年代，英国的工程师亨利·贝

图3-5
伦敦地下铁路系统图

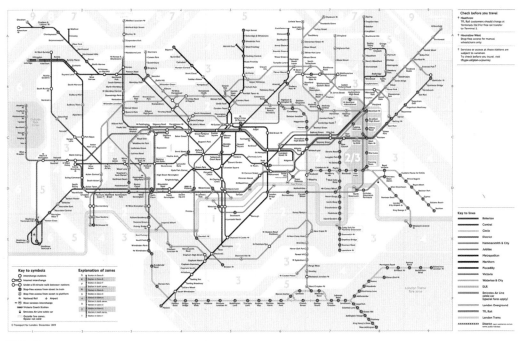

图3-5

克（Henrry Beck）利用直线45°的倾斜与转折、曲线的规则角度变化，打破真实空间描述的局限，绘制出更清晰易读的地铁图。这种以颜色划分线路的视觉化信息图表，在现今的地铁路线图中，被各个国家纷纷效仿。

在书籍设计中，设计师将文本信息或数据进行整理和归纳，形成比单纯的表格更易懂的信息图表，能深化阅读的内容。如波兰人亚历山德拉·米热林斯卡等人创作的儿童科普读物《地下·水下》（图3-6），将复杂的科学信息进行秩序化的分类与整理，用简单的形象与色彩进行阐释，使低龄儿童也能阅读与想象。人们的视觉更容易被图形所吸引，信息图表的视觉化，有利于率先吸引读者的视线并进行阅读分析。

图3-6
《地下·水下》内页及封面

注
亚历山德拉·米热林斯卡、丹尼尔·米热林斯基著，乌兰译，贵州人民出版社，2015年出版。作者收藏。

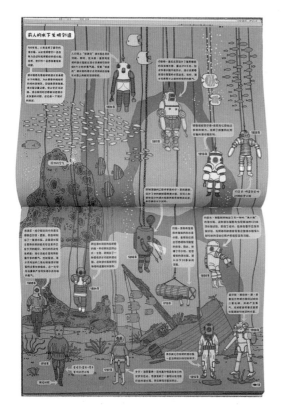
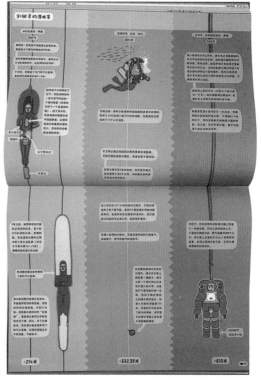

图3-6

杉浦康平的学生吕敬人，致力于中国书籍设计的理论与实践工作，他在其著作《书艺问道：吕敬人书籍设计说》中，传承老师的设计理念，更加注重图表的视觉化设计，不仅是图表，更多意义上是图形信息的视觉化传达。在完成一本书的流程图中（图3-7），使用不同的颜色进行视觉秩序的传导，用图表式的符号传递信息，使人在阅读整个流程时得到更直观的阅读体验。

数字技术的发展改变了现代媒体的传播方式，人们的生活节奏加快，获取信息的途径更多，相比于文本人们对图形有更快的捕捉速度与接受力，视觉化图表信息可将文本内容更直观生动地呈现在大脑中，并能为读者带来愉悦的阅读体验。但值得注意的是，中国现代书籍设计中的视觉化图表信息设计由于刚刚起步，与欧美国家顶级的科技类或其他读物相比还有很大

图3-7
完成一本书的流程图

注
图片来自《书艺问道：吕敬人书籍设计说》，上海人民美术出版社，2017年8月出版。

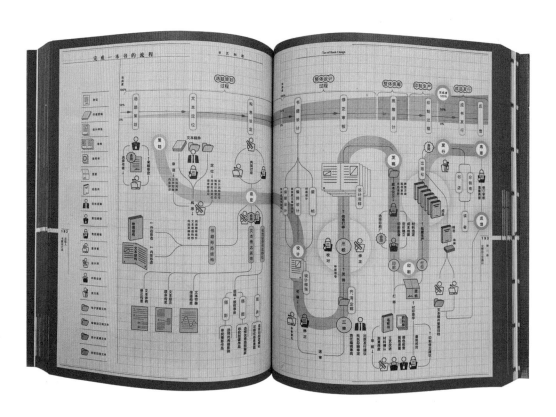

图3-7

差距。因此在很多书籍中，即使出现前卫的、图形化的图表信息，也多是引用的国外的。中国的科技类书籍作者或设计师已经注意到视觉化图表在书籍编排设计中的重要性，这意味着图表信息的审美作用得到重视，视觉化图表设计在21世纪成为中国书籍设计的重要课题。设计不再只是停留在视觉审美的表达，而是要结合理性的信息分析、逻辑思维、语言组织等多方面，使其成为能优化使用功能与创造审美价值的文化活动。

因此，在数字媒体、数字出版等新兴出版方式陆续出现的信息时代，书籍的信息视觉化设计包含文本与图像两大方面（图3-8）。而文本信息设计，包含字体设计与版式设计。字体设计分为外部字体的设计，即封面字体的设计及编排，与内部字体的编排设计。版式设计受成熟于20世纪50年代的现代主义瑞士网格设计，与70年代美国后现代自由版式设计风格的影响。图像信息设计，主要为视觉化图表信息设计，它成为信息时代的书籍设计尤其是编辑设计与内页编排的新课题。

图3-8
书籍的信息视觉化设计构成

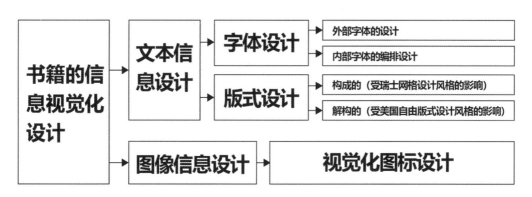

图3-8

第四章

新式编排——网格设计与自由版式设计

第一节　自由版式设计

第二节　网格设计

第一节
网格设计

　　网格设计风格已经对中国20世纪80年代后的书籍整体设计产生不小的影响。此前的书籍内页编排，大多表现在封面的面积切割，除了艺术类与摄影类等画册物质表达与视觉审美的需要，内页的编排还因激光照排技术刚刚发展而趋于千篇一律。

　　进入21世纪，随着个人计算机设备、互联网及计算机辅助设计技术的逐渐普及，中国的设计师纷纷打开视野，了解到世界书籍设计发展状况，并在美学形式上有了参考。瑞士网格系统的网格设计原理，即通过数学的倍率计算与创意的运筹对版式中的对象进行合理编排，在完成编排后将网格删除，留给人们视觉上的秩序感与规则感。如图4-1为余秉楠编著的《网格构成》中多·克伦亚构成作品与分析，体现了以数学计算的方式进行面积的划分，如此，设计过程结合严谨的思考与合理的创造，便有据可依。再如山东美术出版社出版的《中国现代设计思想：生活、启蒙、变迁》（图4-2、图4-3），在内页的图

图4-1
多·克伦亚构成作品与分析

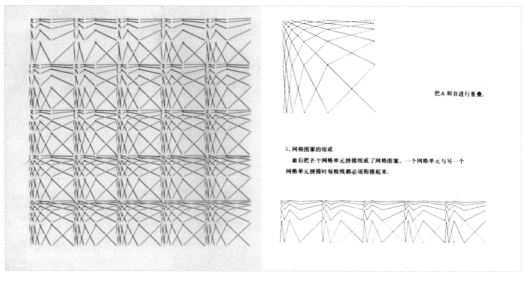

图4-1

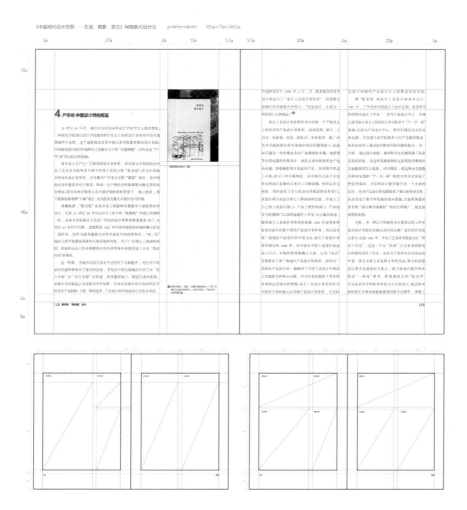

图4-2

图4-3

图4-2

《中国现代设计思想：生活、启蒙、变迁》网格设计

注

作者绘制。

图4-3

《中国现代设计思想：生活、启蒙、变迁》内页

注

陈蔚设计，山东美术出版社，2018年出版。作者收藏。

文编排中，尽管没有网格的出现，但根据视觉感受能够体验到在版式的设计过程中直线网格的对齐方式，使页面排列显得整齐有序并具有尺度规则。

2017年版的《书艺问道：吕敬人书籍设计说》在设计风格上封面以及版心外的部分继续以之前饱和的大红色为主色调，封面使用英文凹凸压印的方式。新版除了内容更翔实，内页版式多采用网格设计的方式，既严谨又不失独特的审美性。具有更明显特点的是图表的视觉信息表达，除了数据的明朗，还具有图形化的易读性。在内容上，更多图形化的表达使作者与读者之间的沟通更为高效与顺利。

在书籍的编排设计中，尽管网格设计在一定程度上规范了内页图文信息的编排，具有视觉上的合理性，用理逻辑思维与数学的算法进行面积的分割与内容的整合，使版式呈现出规则的视觉特征，并使版式均衡，同时也为设计师提供一种理性的设计方法，为设计带来一定的便利与现代感。在平面设计领域，网格设计系统不但使用在书籍内页版式的编排，也广泛使用在其他平面载体中，为设计带来了一种可行且实用的方法。与此同时，由于网格设计运用尺规形成面积分割，使平面空间的版式显得有些呆板，在一定程度上限制了设计师对空间划分的自由与设计风格的发挥。设计是多元化的，多种风格并存而形成了百花齐放的繁荣局面，因此，来自美国20世纪下半叶的自由版式设计，为中国书籍设计带来一定的启发。

第二节
自由版式设计

如同美国人相对较为随意的语言表达与生活方式，来自20世纪80年代的美国解构主义的自由版式设计，为现代书籍的版式编排带来了新的思维方式，也为中国书籍版式设计风格带来了新的参考。在解构主义运动中，以美国人戴维·卡森（David Carson）为代表，他成为这场设计运动中最有影响力、最具有创新精神、最有争议的美术设计者。20世纪90年代起，第三次技术革命逐渐改变了人们的生活方式，数字出版由此产生，人类的阅读方式也随之发生转变。计算机辅助设计技术使排版越发智能化，提高了版式编排的效率，数字化的制作过程不再局限于单纯对手工制图的要求，而是能够使设计师在短时间创造出更具形式感的作品，互联网技术的使用与普及提高了出版发行的效率，在数字出版时代，与之相适应的自由版式设计风格由此产生，是后现代主义设计风格的革新。"革新（Innovate）一词在拉丁语中的意思是更新、改革，而不是重新开始，虽然它在英语的用法中暗示着在特定环境中引入某些新东西。"因此，新事物的产生并不代表之前的设计风格的消亡。新的设计手段更多意义上提高了生产效率，设计风格的演变更多地与当时社会文化相关联。设计新形式的出现与流行正是因为自身具有时尚、新潮的设计内涵，引领着设计的进步。图4-4～图4-7展示了自由版式设计。

自由版式设计是对现代主义理性设计的颠覆和批判，但它将元素打散重组，对旧有的元素并没有完全否定，而是一种形式上的创新。尽管自由版式设计有自身较高的艺术性而形成强

图4-4

自由版式插图设计

艾伦·庇隆（Alain Pilon）

图4-4

图4-5

自由版式插图设计

布莱德·霍兰（Alain Pilon）

图4-5

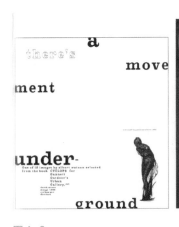

图4-6

图4-6

新地铁广告

注

戴维·卡森设计，图片来自《印刷的终结——戴维·卡森的自由版式设计》，中国纺织出版社，2004年1月出版。

图4-7

图4-7

纽约字体设计师俱乐部海报

注

戴维·卡森设计，图片来自《印刷的终结——戴维·卡森的自由版式设计》，中国纺织出版社，2004年1月出版。

烈形式感，应用在书籍这种传达阅读信息的产品中，一定程度上遮盖了书籍本身的实用功能。因此，在数字出版时代下，中国的书籍设计，可结合现代主义网格设计的理性与秩序化，与后现代主义自由版式设计的前卫与形式化，形成优势互补，既保有书籍的易读性，又具有符合自身主题的前卫的艺术风格，发挥自由版式设计风格的优势。例如朱赢椿教授撰写并设计的《蚁呓》（图4-8），其创作来源于作者对动物的日常观察。通过对蚂蚁爬行轨迹的记录，而产生每页的图形排列，排列过程中突破常规的版心设置与对称、均衡等形式的规则化构图，从而形成没有边界束缚的相对自由的版式设计形式。画面通过每

图4-8

《蚁呓》封面及内页图文排列

注

周宗伟著，朱赢椿绘，朱赢椿、皇甫珊珊设计，广西师范大学出版社，2013年4月出版。作者收藏。

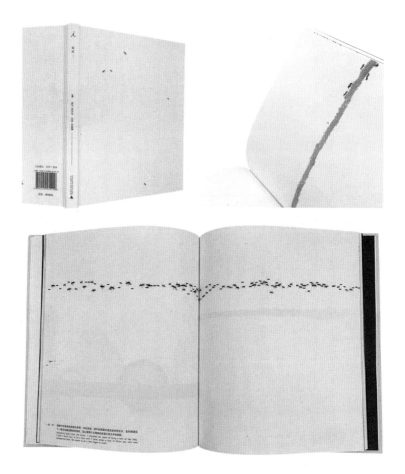

图4-8

图4-9

一页的记录，尽管显得松散，但能够生成排列上的变化与突破，使阅读过程轻松而愉悦。同一作者的另一本著作《虫子书》内页（图4-9），是较为典型的自由版式，与《蚁呓》内页版式的表现有着异曲同工之妙。

图4-9
《虫子书》内页

注
朱赢椿著，朱赢椿设计，广西师范大学出版社，2015年10月出版。

第五章

未来书籍设计导向——概念书

第一节
何谓概念书

一、概念书设计解读

　　《辞海》中对"概念"的定义为："反映对象的特有属性或本质属性的思维形式。人们通过实践，从对象的许多属性中，抽出特有属性或本质属性概括而成。概念的形成，标志人的认识已从感性认识上升到理性认识。科学认识的成果，都是通过形成各种概念来加以总结和概括的。"因此，概念是人们通过实践经验的积累，对事物理性的、客观的认识。对于概念书设计而言，在不考虑工业化生产的前提下，将设计知识赋予书籍中，在观念上带动书籍设计的更新与发展。与通过出版管理而批量发行的商品化的书籍相比，概念书设计有三个特点：其一，概念书设计是对书籍形态、材料与功能的创新形式的探索与突破，为书籍的未来寻找方向；其二，概念书设计是对书籍创新形式的尝试，无需通过出版渠道发行；其三，同"出版＋文创"的转型升级相适应，概念书的设计建立在科技进步的基础上，高科技使材料与工艺呈现复合化的发展趋势，率先将创新用在概念书设计中，引领书籍设计的未来（图5-1、图5-2）。中国高等院校中，隶属于视觉传达设计专业的书籍设计课程教学，在20世纪末便开始引入概念书设计理念。时任中央美术学院设计系副主任的谭平教授在1999年发表文章《概念书籍设计——设计教学笔记》，记录了概念书的相关教学成果与感想：现在我可以说"概念设计"是一个定位，是一个选择，是一种思维方式。

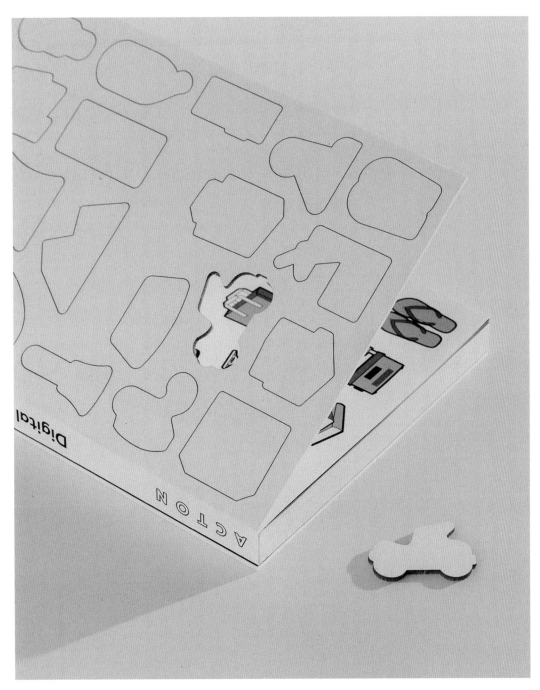

图5-1

图5-1
概念书 *Digital Pioneers* 设计

注
Acton 公司设计。

图5-2

图5-2

概念书 *Freies Theater Hannover* 设计

注

Hardy Seiler 设计。

　　2009年第七届全国书籍设计艺术展览中，新设置了"探索类"奖，获奖者包括在校生、艺术类高校教师、设计师等。概念书在社会经济、科学技术与设计教育发展的背景下应运而生，随着设计观念的更新，尚且处于起步的阶段，虽在设计教学中已经普遍展开，但在出版行业内并未得到重视。中国的经济发展需要创新作为内在驱动力，书籍设计也需要观念上的创新。概念设计最初来源于工业产品的概念设计，形式与技术创新不需工业化生产的理念，拓展于建筑设计、室内设计、服装设计等领域，具有一定的前瞻性与实验性。因此，概念书设计不仅实现材料与形式的探索，同时也促进了出版行业的创新发展，对书籍未来的设计具有导向性作用。第一，概念书在制作上突破束缚，实现形式创新，包括材料创新与形态创新。概念书的制作，打破了批量生产制作过程中为降低成本与节省材料，而对纸张尺寸、切割工艺与添加材料等的限制，书籍形状、长宽比例等方面具有相对自由度。在概念书设计的过程中，不论使用新材料延续传统还是打破固有形式，皆可结合书籍内容对形式进行无限联想。第二，概念书设计是对阅读体验的进一步创新。概念书的设计从形式上对书的形态限制进行突破，是对感官互动体验的继续探索。第三，概念书设计通过形式与体验的创新，从而形成功能的创新。尽管概念书的设计，先隐藏其功能意义而率先从材料与形态突破上实现形式的创新，但形式上的创新最终是为了实现功能的重新演绎，所有的设计与创新，最终都是为了实现阅读、"悦读"或"乐读"的功能。

二、概念书引领设计观念创新

与传统出版背景下发行的纸质书籍相比，概念书能够在理念上给予一定的启示。因为在设计过程中，设计者能够突破现有技术的束缚，在设计的过程中可将更多的创意变为可能。书籍形态的变化增加了阅读的功能，拓展了阅读的边界，使之较好地与读者形成互动，为未来书籍设计的发展提供了参考价值。同时，伴随着经济发展，消费转型与升级，为追求形式的创新，对资源的大量开发和使用，促进了生态设计课题的产生。在概念书的设计中，例如轻型纸张、绿色油墨等制作材料已经被开发与应用，使用新材料的书籍在设计过程中，注入生态设计思想，实现书籍设计的创新与可持续发展。图5-3展示的是立体概念书设计。

图5-3

图5-3

立体概念书设计

第二节
概念书作品赏析

在书籍设计课程教学中，概念书设计是体现书籍设计实践创新较为有效的方式。通过课程训练，学生将对书籍设计理论知识的解读与创造性思维融合，而设计出具有创新设计理念或使用新材料的概念书作品。经过多年的课程教学，笔者将概念书分为两大类，即纸张材质与其他材质的概念书。

一、纸张材质概念书作品赏析

以纸张材质为主的概念书设计作品，是设计者利用以纸张为主的材料，辅以其他能够表现设计理念的材料，不以批量生产为目的，对常规的书籍形态进行进一步探索，对书籍的工艺与材料进行进一步尝试而形成的概念书。设计作品可能包含非对称的、异形的封面及内页。

概念书作品 *Artist's book*（图5-4）突破了纸张尺寸统一的限制，将从小到大不同尺寸的纸张装订成册，向左与向右的翻页方式可同时进行。内容是艺术家的单色绘画作品，并配有文字。整本书展示了从小到大页面上开型的创新和整体设计观念的突破。

概念书 *Buch der Körper*（图5-5），较为吸引人眼球的是内页纸张的呈现方式。此书由精装硬壳封面包裹，内页采用现代印刷技术手段，以风琴折页的形式呈现，不仅增加了内页厚度，还增加了整本书的立体感与肌理效果。在平面载体体现内容的基础上，形成阅读体验上的节奏与韵律。

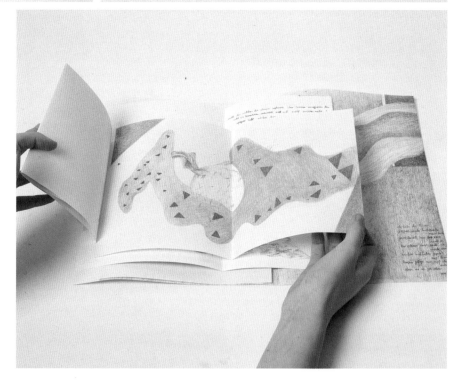

图5-4

概念书 *Artist's book* 设计

注

Vanko Zhou 设计。

图5-4

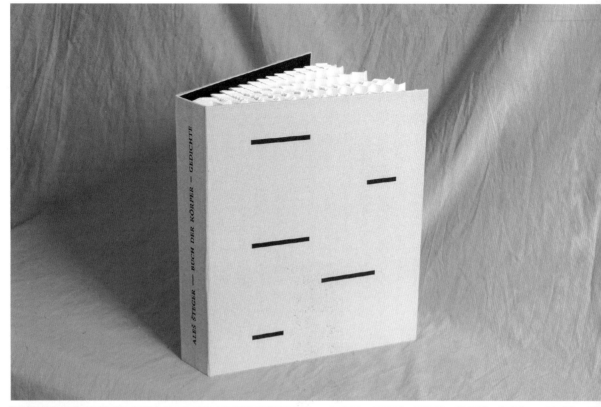

图5-5

学生作业《萌想境》(图5-6),更多为意念的表达,不仅在内容上体现强烈的个人风格,设计者将看似杂乱无序的感性臆想借助逻辑思维最终落在纸面上并进行编辑。同时,这本书的设计是对质感与触感各异的特种纸张材料的尝试和对光影效果的探索,具有不同的版式风格,是一本切合主题"萌生"与"梦想"的概念书。

图5-5

概念书 *Buch der Körper* 设计

注

Alessia Oertel、Belinda Ultich、Louisa Kirchner共同设计。

图5-6

概念书《萌想境》设计

注

林佩莎设计。

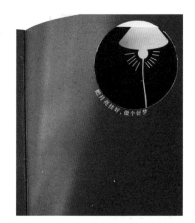

图5-6

学生作业《余白镂空》（图5-7），重在体现现代主义平面设计风格，在吸收欧洲与日本的现代平面设计风格后，对"留白"和"镂空"在书籍版式中的运用做尝试，整体呈现出较为简洁的风格。

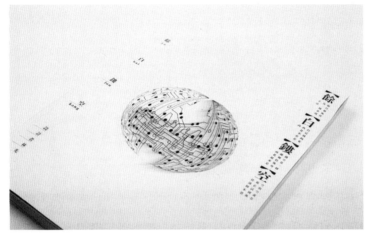

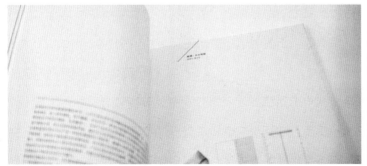

图5-7

图5-7

概念书《余白镂空》设计

注

林光设计。

学生作业《纸鸢》（图5-8）和《剪纸艺术欣赏》（图5-9）侧重于用纸张并辅以其他材料表现中国传统文化。由于《纸鸢》表现传统风筝文化，在版式设计上，使用传统的文字竖排方式，将文字规整地排列在页面上；封面使用绳索与特种纸包裹，使其在形式上与内容相契合。《剪纸艺术欣赏》的封面使用带有传统祥瑞图案的布面装裱，在函套上使用旗袍锁扣，内页采用蝴蝶装的传统装订形式，同样以相同内涵的形式体现内容信息。

图5-8
概念书《纸鸢》设计

注
张琪设计。

图5-8

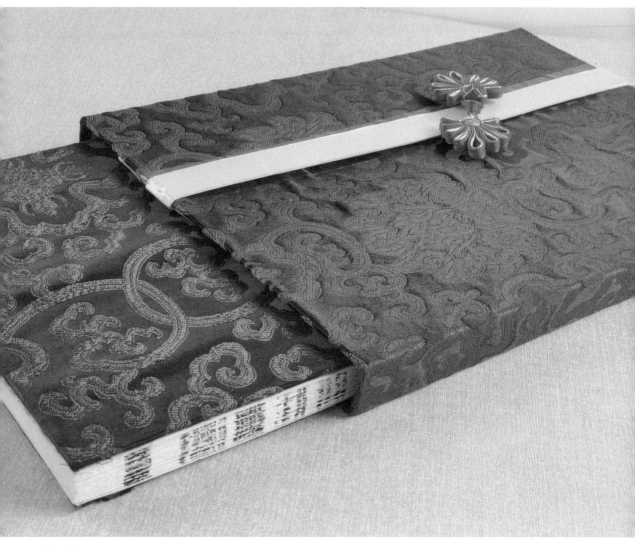

图5-9

学生作业《HI！插画》（图5-10）展示了立体插图，设计特点较为明显，即充分表现局部与整体的关系，使用卡纸印刷之后进行裁切，将每一页各自独立的插图整合成完整的场景，体现了局部与整体之间关系的协调性。

学生作业 Feeling（图5-11）体现了设计中的"通感"，即将视觉上的质感与肌理效果放大，在视觉上将图形元素进行传递，将相应的味觉感受反射至大脑，使人有了视觉、触觉、味觉等多方面的感觉。

图5-9

概念书《剪纸艺术欣赏》设计

注

郭斌设计。

图5-10

图5-10

概念书《HI！插画》设计

注

聂云鹏设计。

图5-11

图5-11

概念书 *Feeling* 设计

注

侯炜设计。

图5-12

图5-12

概念书《尘芥集》设计

注

柴琪惠设计。

学生作业《尘芥集》（图5-12）是采用现代印制技术的经折装概念书。它以现代摄影技术下的图像作为内容，演绎了传统装订形式的现代转换。

学生作业《二十四节气》（图5-13），参考西方绘画风格，将中国传统节气进行图形上的重新整合，将其以具有构成形式的画面进行表现，在图形中体现相应节气的内涵。在版式的排

图5-13

概念书《二十四节气》设计

注

岳宇麟设计。

图5-13

列上，每个对页左半部分为图形元素，右半部分为文字排列，突出每个节气名称并进行字体的设计，以经折装的形态呈现。整本书在设计理念上体现了传统元素的现代语言转换。学生作业《猫游记》（图5-14）则同样使用经折装，内容上呈现出丰富的游戏角色，将猫的动物形象进行多种形式的卡通画绘制，以图形为主要元素，体现较为直观的视觉内容。

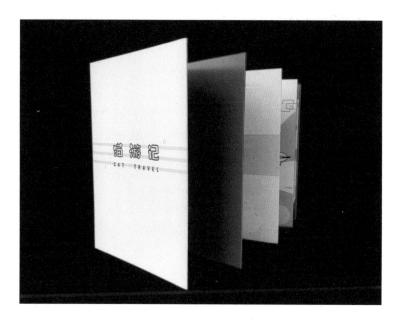

图5-14
概念书《猫游记》设计

注
冯煜设计。

图5-14

学生作业《你我》（图5-15），在内容表达上较为直观和感性，体现出设计者本科学习阶段的内心感悟以及对未来的美好期许，并将此以视觉化的手法，呈现于概念书中。此书使用亚克力函套，在函套与封面的相同位置呈现书名，并互相遮盖。内页使用其他材质，并用风格迥异的版式排列来体现不同的内容区域。

图5-15
概念书《你我》设计

注
刘韦易设计。

图5-15

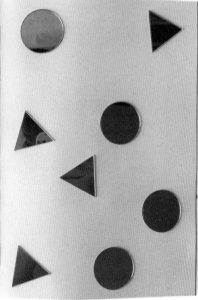

图5-15

二、其他材质概念书作品赏析

其他材质的概念书作品，不只局限于纸质材料，将布、皮、金属等其他材料作为概念书制作的材料，有的完全抛弃纸张材料的使用，有的辅以各类纸张，对多种材料与工艺进行尝试，并以此形成形态不同的概念书设计作品，表现设计者的思想内涵与设计理念。

设计师安迪·雷森迪（Ana Resende）设计的 *possible anatomies*（图5-16），从视觉形态上看是用装帧布裱糊封面的

图5-16

概念书 *possible anatomies* 设计

注

Ana Resende 设计。

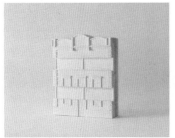

图5-16

图5-17

精装书，用石膏进行包裹，包裹后的书籍呈现建筑的形态，底面平整能够立于平面之上。书籍若要实现内部的翻阅，需将外部石膏函套破碎，实现了差异化的阅读体验，较容易为读者留下深刻的视觉、听觉、触觉等感官上的印象，再通过翻阅内部书页，实现读者与作者精神上的互通。

学生作品《中国传统节日》（图5-17），使用不织布、贴纸、亮片、棉布等材料，运用粘贴、缝合等多种手法，制成六面体的书籍形态。展开后形成平面，每个面所承载的内页形成不同的翻阅方式。整本书较为独特之处在于使用了多种材料，美中不足在于，内页的手工成分较多，若将汉字进行设计上的编排，需要更高的设计水平。

学生作品《卡通回忆》（图5-18），为表达设计者对自己儿时所观看过的动画片中的一些卡通角色的喜爱之情，将熟悉的

图5-17
概念书《中国传统节日》设计

注
王欣设计。

卡通形象集合成一本概念书，包括《小飞象》《猫和老鼠》《米老鼠和唐老鸭》等。在将这些卡通形象串联的过程中，使用不织布和其他材料在封面塑造城堡形象，使用环装装订结合内页手绘插画的形式，形成一本展示情怀的概念书。

图5-18
概念书《卡通回忆》设计

注
温雪航设计。

图5-18

学生作品《哈利波特的世界》（图5-19），沿用欧洲古典书籍风格的精装形式，用仿真皮、金属挂链、麻布、蕾丝边等材料制作而成。在内页中，除了包含《哈利波特》电影中相关的元素，具有一定的阅读功能外，还有作为笔记本书写记录的功能，实现书籍与读者互动的目的。

图5-19
概念书《哈利波特的世界》设计

注
程思莹设计。

图5-19

学生作品 MY BOOK（图 5-20），使用不织布与其他装饰材料制作而成，阅读对象是低龄儿童，本书将日常生活用品按图形进行归类，与读者产生充分的互动。

综上，概念书设计作品不论出自设计师还是学生，在对书籍进行设计的过程中，既要对内容进行构思和编辑，又要结合材料与工艺对书籍的形态进行探索和尝试。在这一过程中，设计者担任整本书的作者、编辑、设计师、校对等多重角色，亲身体验一本书从无到有的过程，从而获得自身设计水平的提升和自我价值的实现。

图5-20

概念书 *MY BOOK* 设计

注

薛明月设计。

图5-20

第六章

优秀书籍设计作品赏析

第四节 其他获奖作品赏析

第三节 "中国最美的书"获奖作品赏析

第二节 "世界最美的书"获奖作品赏析

第一节
全国书籍装帧艺术展获奖作品赏析

1959年全国书籍装帧艺术展览会首次举办，至2018年，已经成功举办九届，中国现代书籍设计伴随着全国书籍装帧艺术展览会而成长。2004年至今，第六届至第九届全国书籍设计艺术展览会的举办，成为设计界、出版界、印刷界以及装帧材料界互相交流及学习的盛会。

获第六届全国书籍装帧艺术展艺术类整体设计金奖的《小红人的故事》（图6-1），是全子为吕胜中的著作而设计的。书籍在现代印制技术下，回归传统线装的方式，内页全部使用竖排，用红色纸张衬托黑色的画面与文字，内页版心的位置设定使书中的其他信息有了足够的展示空间，运用现代技术体现了较为鲜明的民族特色，也表达了现代艺术主题。

获第六届全国书籍设计艺术展银奖的《京剧大师程砚秋》（图6-2），为设计师海洋的作品。书籍封面被硬质函套包裹，打开函套，封面素雅，"程砚秋"三个字用书法字体体现，与书

图6-1

《小红人的故事》扉页及内页

注

吕胜中著，全子设计，上海文艺出版社，2003年7月出版。

图6-1

名中其他现代印刷字体形成较为强烈的视觉对比。图形以京剧大师个人形象为主体，呼应文字，形成具有现代意味的书籍设计作品。

图6-2

《京剧大师程砚秋》函套及封面

注

海洋设计，文化艺术出版社，2003年12月出版。

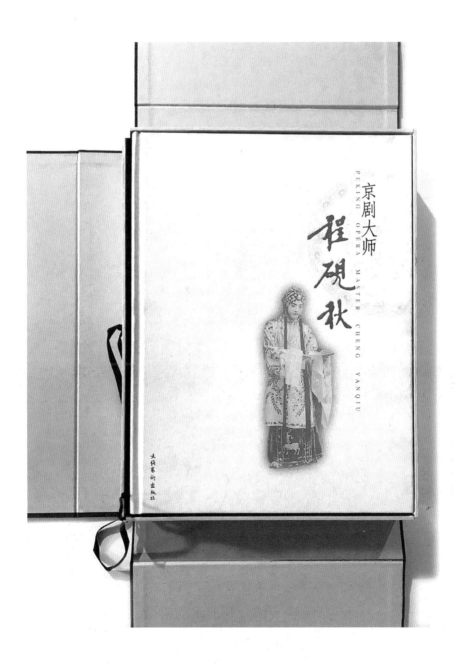

图6-2

获第八届全国书籍设计艺术展览社科类最佳设计奖的《泰州城脉》（图6-3），由书籍设计师周晨设计。作品不仅在函套的设计中使用现代的装帧布与硬质辅料形成传统的形式，甚至在版式与纸张的选择上也与外在的装订与函套相适应，体现传统却充分利用现代技术，通过设计实践充分地表现出外在形态对传统韵律的体现。

获第八届全国书籍设计艺术展览艺术类最佳设计奖的《文心飞渡》（图6-4），主要讲述古典文人家具，由书籍设计师洪卫设计。由于书籍内容回归传统，在设计上使用文字竖排及线装的传统形式，内页的版式设计中，留白面积较多，使阅读有了松弛愉悦的感受。

获第九届全国书籍设计艺术展览金奖的《乐舞敦煌》（图6-5），内容为敦煌壁画中的乐舞形象。因此，书籍封面选用了类似毛边纸质感的特种纸，采用手工装裱拼贴效果，书名印在白色标签纸上粘贴于封面，并在四周及书脊等处做了残旧的效果，回归传统线装书封面的形式。

图6-3
《泰州城脉》函套及封面

注
周晨设计，江苏教育出版社，2010年6月出版。

图6-3

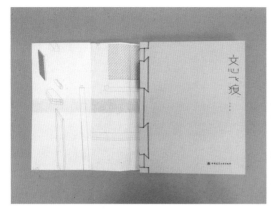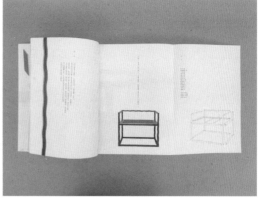

图6-4

图6-5

图6-4
《文心飞渡》封面及内页
设计

注
洪卫设计，中国建筑工
业出版社，2013年12月
出版。

图6-5
《乐舞敦煌》书脊及封面
局部

注
曲闵民、蒋茜设计，江
苏凤凰美术出版社，
2014年12月出版。

第二节
"世界最美的书"获奖作品赏析

一年一度的德国莱比锡"世界最美的书"（Best Design of Books）评选，起始于1953年的"德意志民主共和国最佳图书奖"，自1959年起每隔五年举办一次，中国于当年首次参加并获各类奖项。1963年，莱比锡首次举办"世界最美的书"评比，涉及20个国家，200多本图书。金字符（Goldene Letter）奖设立于1968年，成为全场最高奖项。目前，获奖奖项主要有14个名额，除金字符奖之外，还有金奖1名、银奖2名、铜奖5名、荣誉奖5名。每年获奖的14件作品会在莱比锡书展和法兰克福书展结束后，收藏在位于莱比锡的德国国家图书馆，供人参观。

关于"世界最美的书"的评价标准，中国书籍设计师赵清采访评委会主席、著名书籍设计家乌塔·施耐德女士，概括总结起来，即"书籍设计不只图封面好看，而是整体概念的完整；一本好书不仅在于设计的新颖，更在于书的内容编排与整体关系的贴切，并十分清晰地读到内容；好的设计，从功能的翻阅感受到内容诗意的表达，均有完整的思考"。本书选取了2020年与2021年两年度的"世界最美的书"获奖作品进行欣赏与分析。

获2020年度莱比锡"世界最美的书"金字符奖的瑞士作品 *ALMANACH ECART*（图6-6），在编排上较为讲究图文对齐的规则，将过去的主题变成当今书籍主题的一部分。此书内容是对艺术家集体的真实档案材料进行收集与加工。书名字体是当年通信中使用的打印机自定义字体，在现代技术下，使用回归传统的纸张与设计形式，使读者能够通过视觉感受到内容中时空的差异。

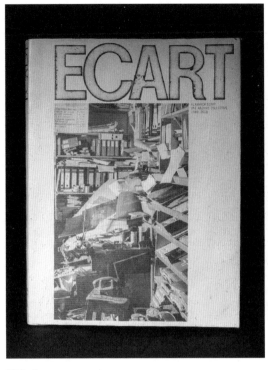

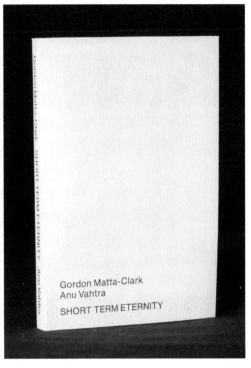

图6-6   图6-7

获2020年度莱比锡"世界最美的书"银奖的是爱沙尼亚的 *SHORT TERM ETERNITY*（图6-7），它使用柔和的半透明纸张。这本书汇集了两位艺术家：戈登·马塔-克拉克（Gordon Matta-Clark）和阿努·瓦赫特拉（Anu Vahtra）的作品，尽管他们在不同的文化环境中成长，但实践做法在许多方面相互关联。这本书反映了其他人没有意识到的空间状况，并用较为简洁的方式呈现。

获2020年度莱比锡"世界最美的书"铜奖的是荷兰作品 *American Origami*（图6-8）。此书是作者积累六年的摄影研究成果，反映了美国学校中枪击事件的蔓延情况。此书整体使用线装的形式，封面单色底色呈现出宁静的纸鹤，象征对生命的美好期许。骑马订式的线装以独特的方式创造了一个视觉上的平行世界。

获2020年度莱比锡"世界最美的书"铜奖的日本作品 *A*

图6-6

ALMANACH ECART 封面

注

Dan Solbach 设计。

图6-7

SHORT TERM ETERNITY
封面

注

Indrek Sirkel 设计。

图6-8

图6-9

图6-8

American Origami 封面

注

Hans Gremmen 设计。

图6-9

A Wizard of Tono 封面

注

Fujita Hiromi 设计。

Wizard of Tono（图6-9），封面上覆有3mm左右的透明亚克力板，如同透过窗户看到室外风景的视觉感受。封面仅以风景图像填充，从内容与色彩饱和度上体现出了日本的地域特色。内页编排上，宽阔的页边距使得文本页面简洁淳朴。

获2020年度莱比锡"世界最美的书"铜奖的是以色列作品*Outside of Everywhere*（图6-10），该作品的作者与设计师为同一人，他认为："这本书描述了我生活中所经历的一次在慈善福利机构的漫步。"书中内容尽管使用大量慈善机构的照片图像，在构图上与封面类似，在画面中突出某一小块物体，不仅具有强烈的个人风格，还通过视觉图像反映出内在的冲突与存在，空白与重叠等印象。

获2021年度莱比锡"世界最美的书"金字符奖的是*FEUILLES*（图6-11），书名既指代植物，又暗喻纸张，该作品是由韩国艺术家设计的植物插图书，设计者巧妙地处理了材料与内容之间的关系。首先，当你翻页时，纸上的铅笔画便会带

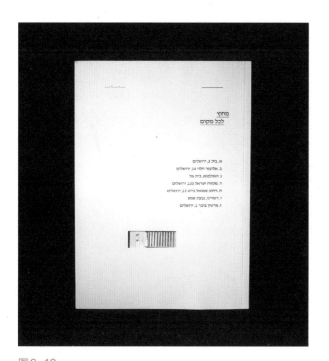

图6-10

图6-10

Outside of Everywhere 封面

注

Talya Weitzman 设计。

图6-11

FEUILLES 封面及局部

注

Yu Jeong Eom 设计，

Mediabus,Seoul 出版。

图6-11

图6-12

图6-12

Das Jahr 1990 freileger 封面

注

Roma Willems设计，
Roma Publications出版。

给你不同的体验，有的地方线条明显加粗，纸的厚度慢慢增加。
这些由设计师精心挑选的设计元素、材料，会带领读者踏上一
场艺术触觉之旅。

获2021年度"世界最美的书"银奖的是 *Das Jahr 1990
freilegen*（图6-12），这是一幅真实展现1990年德国生活的拼
贴画式图书，每一页的设计结构都有差异，且由大量材料组成
不同的观点。本书的标志性特色是将密集的档案材料汇总为一
部出版物。

获2021年度"世界最美的书"铜奖的 *Electric Generator*
（图6-13），是一本发电机的操作手册，但具有俄罗斯期刊杂志
的视觉效果，并体现较强的构成形式。这本书在排版和图形上
都采用了巧妙的实施手段，既不显眼又清晰。这是一本技术类
书籍，却能够帮助读者发现技术与图形的美，即便在此之前你
我可能对发电机毫无兴趣。

获2021年度"世界最美的书"铜奖的爱沙尼亚作品 *SUVILA
Puhkamine ja arhitektuur Eestis 20.sajandil*（图6-14），被评委们
评价为：唤醒了他们对童年暑假的思念。封面搭配使用两种饱
和对比色，具有强烈的视觉冲击力。从纸张到字体的选择，这
本书都塑造了一个美好的表述对象，供读者浏览和欣赏。

图6-13

图6-13

Electric Generator 封面及局部

注

Yan Zaretsky 设计

图6-14

图6-14

SUVILA Puhkamine ja arhitektuur Eestis 20. sajandil 封面及局部

注

Laura Pappa 设计。

图6-15

DATA CENTERS: EDGES
OF A WIRED NATION
封面及局部

注

Hubertus Design 设计。

图6-15

获 2021 年度"世界最美的书"铜奖的瑞士作品 *DATA CENTERS: EDGES OF A WIRED NATION*（图6-15），是一本关于瑞士数据中心的书，除流行议题外，还涉及数据中心、能源消耗和气候变化之间的关系。书籍在文本上，仅使用黑色和白色，类似于二进制代码的 1 和 0，版式上除了具有瑞士规则的网格设计风格外，还具有一定的现代性。内页中，图像穿插在信息图表中间，呈模块状，同样具有网格的排列秩序，使人比较容易联想到数据中心里的服务器机柜。

获 2021 年度莱比锡"世界最美的书"铜奖的挪威作品 *MARIANNE HURUM - KRABBE*（图6-16），具有较强的艺术性，封面使用具有现代感的英文印刷字体与线条较自由的图形，视觉上形成强烈的对比。这些特色艺术作品的大小按图像编号排列，并由特殊纸张承载，使用彩色页面，不同章节还以抽象艺术作品中的符号作为标记。书籍的整体设计为读者带来愉悦的阅读体验，即使不在博物馆，也能对艺术品产生真实触感。

获 2021 年度莱比锡"世界最美的书"荣誉奖的德国作品 *Demonstrationsräume. Künstlerische Auseinandersetzung mit Raum und Display im Albertinum*（图6-17），封面在以红、黄、蓝三原色为基

图6-16

图6-16

*MARIANNE HURUM - KRABBE*封面及局部

注

Carl Gürgens、Levi Bergqvist 设计。

图6-17

Demonstrationsräume. Künstlerische Auseinandersetzung mit Raum und Display im Albertinum 封面及局部

注

Lamm 、Kirch 设计。

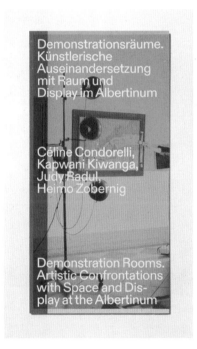

图6-17

础的色相上，叠加照片图像，文字采用专色印刷。细长的开型，能够方便携带和随时翻阅，为读者带来较好的视觉和阅读感受。

对于当今中国的书籍设计，"世界最美的书"正是一块他山之石，汲取世界优秀书籍设计的美学文化与智慧营养来丰富自身的书籍设计成长的羽翼，最终使中国的设计在世界舞台上拥有一席之地。

第三节
"中国最美的书"获奖作品赏析

2003年以来，每年"中国最美的书"评选影响着中国21世纪以来书籍设计的"走出去"——走向莱比锡一年一度"世界最美的书"的评选。中国书籍设计作品于1959年第一次参加并入选莱比锡国际艺术展览会，也是中国书籍设计第一次真正意义地实现"走出去"，使中国现代书籍设计开始具有了世界视野，中国书籍通过海外的传播，塑造了国家形象，并在设计上实现跨文化的融合。

图6-18
《曹雪芹风筝艺术》封面及内页版式

注
赵健工作室设计，北京工艺美术出版社，2004年3月出版。

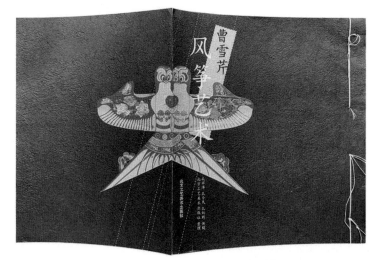

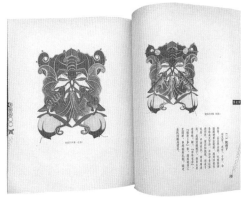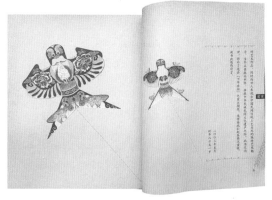

图6-18

获2005年"中国最美的书"称号并获2006年"世界最美的书"荣誉奖的《曹雪芹风筝艺术》（图6-18），由赵健工作室设计。书籍在设计上切合民间艺术的主题，使用线装的装订方式，深蓝色封面也在尽量回归传统，内页文字竖排，在装订方式与纸张、颜色的选择上尽可能地还原并体现中国传统风格，在此基础上，使用现代字体的编排与印制技术来表现现代形式的民族风格。

敬人工作室设计的《怀袖雅物》（图6-19），获2010年度"中国最美的书"称号。此书不仅在函套的设计中使用现代的装帧布与木质辅料以表现传统风格，装订形式也采用了传统的线装，甚至在版式与纸张的选择上也和外在的装订和函套相适应，既体现传统又充分利用现代技术的电化铝烫制技术，通过设计实践充分地表现书籍形态的传统韵律。

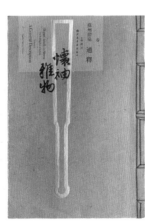

图6-19

图6-19
《怀袖雅物》函套、封面及扉页

注
敬人工作室设计，上海书画出版社，2020年1月出版。

《不裁》（图6-20）被评为2006年度"中国最美的书"，并获2007年"世界最美的书"铜奖，由书籍设计师朱赢椿设计。书籍封面中间有两根红细线穿过，贯通至封底，与旧得发黄的封面纸张的颜色搭配，显得并不突兀，反而具有较舒适的视觉感受；同时，细线的装饰使人具有肌肤、线、纸张之间的触摸过程，并切合主题的"裁"，文字经过字体的处理，具有仿石印的直观感受；三个侧面采用了保留毛边的处理，不影响翻阅方便的同时保留传统书籍的折法与纸张纤维的触感。

图6-20
《不裁》封面局部及整体设计

注
古十九著，朱赢椿设计，江苏文艺出版社，2006年10月出版。

图6-20

获得2015年"中国最美的书"称号，并获2016年"世界最美的书"评选金奖的《方圆故事》（图6-21），讲述了书店的故事。此书由李谨设计，考虑到阅读体验，内页使用轻型纸，插图使用照片及漫画等多种形式，选用新研发的视觉感受较新颖的宋体，封面不再局限于纸张而使用编织袋材质的材料，书名、作者名与出版社等文字信息以精致标签的形式表达。

图6-21
《方圆故事》封面及扉页

注
李谨设计，广西美术出版社，2014年12月出版。

图6-21

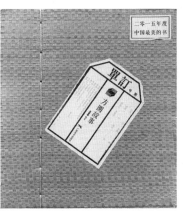

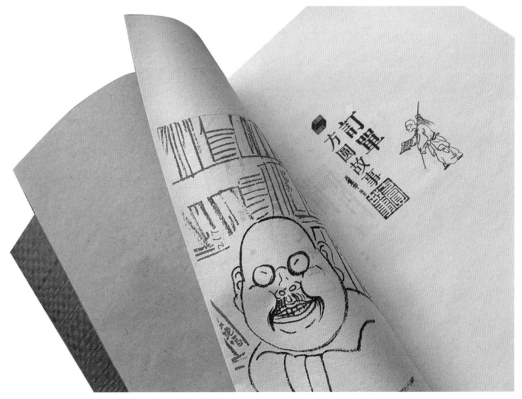

图6-22

《书艺问道：吕敬人书籍设计说》封面及内页

注

吕敬人著，吕旻、杜晓燕、黄晓飞、李顺设计，上海人民美术出版社，2017年8月出版。

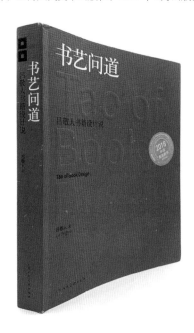

获2018年"中国最美的书"称号的《书艺问道：吕敬人书籍设计说》（图6-22）比2006年版《书艺问道》的内容更加充实与丰富。封面以及版心外的主色调继续使用之前饱和的大红色，封面使用英文凹凸压印的方式。新版除了内容更翔实外，内页版式多采用网格设计的方式，具有严谨的规则性。具有更明显特点的是图表的视觉信息表达，除了数据的明朗，还具有图形化的易读性。在内容上，更多图形化的表达使作者与读者之间的沟通更为高效与顺利。

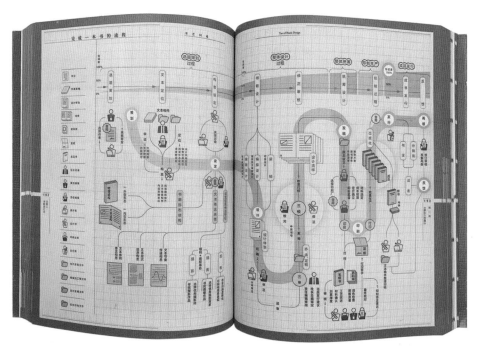

图6-22

《莱比锡的选择：世界最美的书》（图6-23）获2019年"中国最美的书"称号，收录了2004~2019年间莱比锡"世界最美的书"的获奖作品，被读者誉为"一个人的长征"。在收藏获奖作品的基础上，编成书，成为纸上博物馆。整本书的函套、封面、内页用纸都是精心挑选的，版式编排及印刷工艺精良，通过规整、细致的图文编排，结合烫金、专色印刷等工艺技术，体现了中国当今技术下较好的书籍制作水准。内页用纸多样，并在切口处用色块进行内容的分割，书籍整体设计体量庞大但细微之处却恰到好处，兼具书卷文化审美与阅读功能。

图6-23

《莱比锡的选择：世界最美的书》函套、书脊、内页、上切口及内书脊

注

赵清工作室设计，江苏凤凰美术出版社，2019年9月出版。

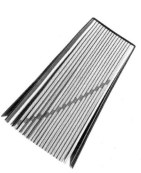

图6-23

获2019年度"中国最美的书"称号，并获2020年度"世界最美的书"铜奖作品《观照：栖居的哲学》（图6-24）由潘焰荣设计，在内容上探究中国未来家居的栖居哲学。从设计上，全书摆脱了一般性的图片罗列，而采用分镜头分割的手法，呈现出古家具的每一个细节和工艺特点。设计上另一特点是运用准确的矢量化图形对椅子进行解构剖析，分解图增加了对椅子结构的理解，使宏观与微观图像形成对比。材料工艺上，使用黑色纸张的专色印刷，与紫檀家具的木色相近，对页中插入小幅画页，使椅子主题得到了渲染。

图6-24

《观照：栖居的哲学》封面

注

潘焰荣设计，上海译文出版社，2019年10月出版。

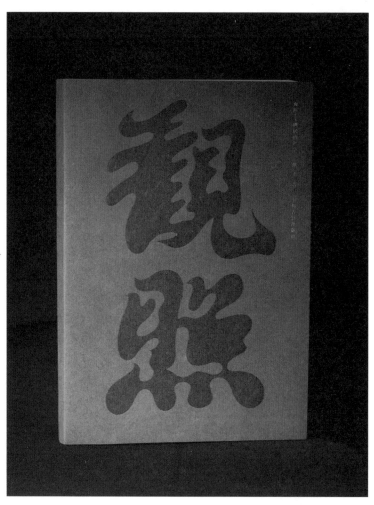

图6-24

获2020年度"中国最美的书"并获2021年度"世界最美的书"银奖作品《说舞留痕——山东"非遗"舞蹈口述史》（图6-25），对五十余位山东"非遗"舞蹈传承者的口述资料进行整理。经过设计，读者阅读时，通过半透明但色彩鲜艳的纸张的映射，展示地域文化与舞蹈文化特点，具有现场参与感。书籍设计师将彩线编进书脊里，并使用不同色彩的纸张为内容创造出有趣的节奏，甚至书中舞者身上穿的戏服都与绉纱材料相融合，散发着生活的乐趣。

图6-25
《说舞留痕——山东"非遗"舞蹈口述史》封面及局部

注
张志奇设计，高等教育出版社，2018年6月出版。

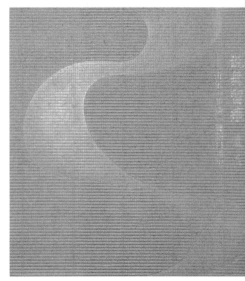

图6-25

"中国最美的书"评选活动将近十几年中国优秀的书籍作品送向德国莱比锡，对中国出版业也有重要的影响与启示作用。其一，"中国最美的书"形成了中国书籍设计行业的品牌，代表着当代中国出版业的水平，书籍设计的水平表现在出版行业上是与时俱进的。其二，"中国最美的书"的展赛与论坛的演讲，不仅向世界输送了中国优秀的书籍设计作品而成为中国设计走向世界的平台，而且促进了书籍设计观念的更新，同时，"中国最美的书"这一品牌地位在全国业界初步确立并被世界初步认可。其三，个人设计工作室成为书籍设计领域中的"黑马"。游走于体制与非体制间，机制灵活的设计工作室有能娴熟把握军事类题材书籍设计的晓笛工作室、屡次获奖的瀚清堂等。自2004年起，以工作室署名的设计作品逐年增多并不断出现新面孔。还有一些设计师同时兼有教授身份，如吕敬人为清华大学教授，开创敬人纸语工作室，还有南京师范大学的朱赢椿教授、南京艺术学院教授速泰熙、湖南大学王序教授、汕头大学长江与艺术学院的韩湛宁教授等，他们不仅躬身于设计实践，还对高校书籍设计乃至设计教育掌握着话语权，从教育高度引导书籍设计的发展并为出版业与设计界培养大批人才。

第四节
其他获奖作品赏析

目前，国内出版界、设计界、美术家协会等相关部门对书籍设计给予越来越高程度的重视。除每4~5年举办一次的全国书籍设计艺术展览会以及每年评选几十本"中国最美的书"送往莱比锡参加"世界最美的书"评选之外，全国新闻出版行业平面设计大赛与"君匋"首届全国书籍装帧艺术展分别于2016年与2019年举办。从这些由国家新闻出版署及中国美术家协会插图装帧艺委会等主办的比赛可以见得相关部门对于书籍设计的重视。中国设计领域为书籍设计仍留有一席之地,如多项设计大赛设置"书籍设计"奖项,促进了概念书籍设计的发展。

《可以玩的儿童百科书》(图6-26)系列书籍获得第二届全国新闻出版行业平面设计大赛书籍设计一等奖。作为阅读对象为低龄儿童的书籍,封面视觉元素以图形与字体相结合,并用饱和度与纯度较高的颜色呈现,以充分吸引儿童读者的注意力。内页切口设置合理,能够进行合理的活动,如转动和抽拉,将手工玩具与工业化印刷结合,与读者形成充分的互动。

《化工计算传质学》(图6-27)获得2019年第二届全国新闻出版行业平面设计大赛优秀奖,由刘丽华设计,《化工计算传

图6-26

《可以玩的儿童百科书》系列书籍封面

注

黄震、敖翔设计,二十一世纪出版社,2020年3月出版。

图6-26

图6-27

《化工计算传质学》封面
局部及封面

注

刘丽华设计、化学工业出
版社，2017年1月出版。

质学》是一本计算学图书，具有严谨、理性、简洁、诗一般的
特点。本书整体形态上追求简洁、素雅，以黑白灰为主要色调，
抽象的公式符号配合热压变色工艺，在形式神韵上都契合了本
书的内容，选材上也很考究，封面选用手感舒适的旷野棉，与
书盒的EMETO7银灰以及书脊的炫彩金属布即有触感上的强对

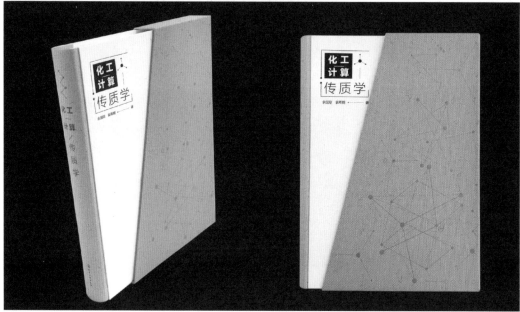

图6-27

比，又有色调视觉上的舒适统一，书盒的斜角设计打破画面宁静，增强了空间层次感，与内封相得益彰，体现了书籍整体设计理念。

入选"君匋"首届全国书籍装帧艺术展的书籍设计作品《行健：潘行健作品集》（图6-28），作为绘画艺术类作品集，函套选用灰色特种纸不仅起到保护作用，同时丰富了视觉效果。函套镂空出封面的局部，渗透出设计上的层次，并能够通过局部了解书籍的大概内容与绘画风格。

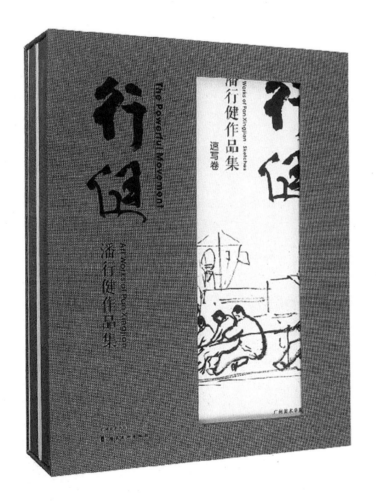

图6-28
《行健：潘行健作品集》
封面

注
陈华辉设计，岭南美术出版社，2018年11月出版。

图6-28

图6-29
《紫阳》封面

注
李非凡设计,2019年出版。

图6-30
《西行记——刘西省木刻版画》封面

注
刘西省设计,2019年出版。

入选"君匋"首届全国书籍装帧艺术展的概念书《紫阳》(图6-29),回归线装书的封面形式,在接近牛皮纸颜色的特种纸封面上使用斑驳的标签形式书名,呼应此书的内容,形式内敛却不失设计内涵。

入选"君匋"首届全国书籍装帧艺术展的概念书《西行记——刘西省木刻版画》(图6-30),由于传统木刻版画的艺术性,设计形式回归传统。在封面中,书法字体、书名标签等均在现代设计语境下呈现出一定的传统特征,使内容与形式合而为一。

图6-29

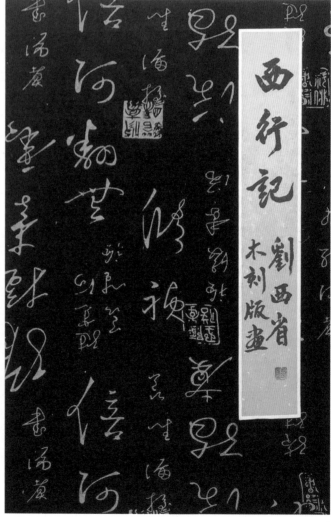

图6-30

入选"君匋"首届全国书籍装帧艺术展的概念书《四大发明》（图6-31），将实物特征与书籍形式相融合。函套既是书的一部分，也是承载各部分物体的收纳盒。函套内此书与中国四大发明的物件形式结合，几本书使用多种材质与装帧形式，使之与读者具有一定的互动效果与趣味性，达到了概念书引领书籍设计理念发展的目的。

因此，通过开展各类书籍设计展赛的评选，对中国正式出版或概念设计的纸质书籍，如何在传统书卷之美的基础上突破传统"为书做嫁衣"的观念，从编辑逻辑、装订形态、视觉语言、材料工艺等诸多方面细细考量，给予一定启示。书籍设计在未来将继续跟随设计风格、印刷技术的演变而发展，中国书籍设计也将在世界舞台演绎出民族风格并体现中国设计的文化立场。

图6-31
《四大发明》概念书展示

注
李思奇、章卓滢、洪早、王琦、童思伟设计，2019年出版。

图6-31

参 考 文 献

[1] 邱陵. 书籍装帧艺术简史 [M]. 哈尔滨 : 黑龙江人民出版社 , 1984.

[2] 吕敬人. 书艺问道 : 吕敬人书籍设计说 [M]. 上海 : 上海人民美术出版社 , 2017.

[3] 张慈中. 心灵与形象 : 张慈中书籍装帧设计 [M]. 北京 : 商务印书馆 , 2000.

[4] 王受之. 世界平面设计史 [M]. 北京 : 中国青年出版社 , 2002.

[5] 曹小鸥. 中国现代设计思想 : 生活、启蒙、变迁 [M]. 济南 : 山东美术出版社 , 2018.

[6] 上海鲁迅纪念馆等编. 鲁迅与书籍装帧 [M]. 上海 : 上海人民美术出版社 , 1981.

[7] 潘鲁生. 为传播国家形象而设计 [N]. 人民日报 , 2019-05-19.

[8] 赵清. 莱比锡的选择 : 世界最美的书 [M]. 南京 : 江苏凤凰美术出版社 , 2019.